高含硫气田职工培训教材

高含硫化氢天然气净化技术问答

于艳秋　编著

U0254613

中国石化出版社

图书在版编目(CIP)数据

高含硫化氢天然气净化技术问答 / 于艳秋编著.
—北京：中国石化出版社，2020.12
高含硫气田职工培训教材
ISBN 978-7-5114-6016-5

Ⅰ．①高… Ⅱ．①于… Ⅲ．①高含硫原油-天然气净
化-职业培训-教材 Ⅳ．①TE38

中国版本图书馆 CIP 数据核字(2020)第 215954 号

中国石化出版社出版发行

地址:北京市东城区安定门外大街 58 号
邮编:100011　电话:(010)57512500
发行部电话:(010)57512575
http://www.sinopec-press.com
E-mail:press@sinopec.com
北京柏力行彩印有限公司印刷
全国各地新华书店经销
*
787×1092 毫米 16 开本 13.5 印张 278 千字
2020 年 12 月第 1 版　2020 年 12 月第 1 次印刷
定价:88.00 元

编　委　会

PREFACE | 前言

　　普光气田是我国已发现的最大规模海相整装气田，具有储量丰度高、气藏压力高、硫化氢含量高、气藏埋藏深等特点。普光气田的开发建设，国内外没有现成的理论基础、工程技术、配套装备、施工经验等可供借鉴。决定了普光气田的安全优质开发面临一系列世界级难题。中原油田普光分公司作为直接管理者和操作者，克服困难、积极进取，消化吸收了国内外先进技术和科研成果，在普光气田开发建设、生产运营中不断总结，逐步积累了一套较为成熟的高含硫气田开发运营与安全管理的经验。为了固化、传承、推广好做法，夯实安全培训管理基础，填补高含硫气田开发运营和安全管理领域培训教材的空白，根据气田生产开发实际，组织技术人员，以建立中国石化高含硫气田安全培训规范教材为目标，在已有自编教材的基础上，编著、修订了《高含硫气田职工培训教材》系列丛书，包括《高含硫气田安全工程培训教材》《高含硫气田采气集输培训教材》《高含硫气田净化回收培训教材》《高含硫气田应急救援培训教材》，并于2014年由中国石化出版社出版发行。

　　《高含硫化氢天然气净化技术问答》为高含硫气田职工培训教材系列丛书的补充，本书侧重高含硫化氢天然气净化生产现场技能，内容与国标、行标、企标的要求一致，贴近现场操作规范，具有较强的适应性、先进性和规范性，可供高含硫气田净化专业职工实操培训使用，也可为高含硫气田天然气净化研究、教学、科研提供参考。本册教材主编于艳秋，副主编张晓刚、李永生。内容共分八章，涵盖了基础知识、通用基础知识、脱硫单元技术、脱水单元技术、硫黄尾气单元技术、酸水汽提单元技术、胺液净化单元技术、放空火炬装置技术、碱渣处理单元技术等。第一章由许辽辉、王俊杰、马永波编写，第二章由张恒伟、苗玉强、郭岳编写，第三章由胡景梅、杨文强、蔡盼编写，第四章由魏荆辉、聂龙海、黄坤编写，第五章由史文广、董海彬、孔祥丹编写。第六章由彭传波、陈琳、王珺编写，第七章由裴爱霞、王小群、杨兆洞编写，第八章由卞莲芳、殷贤编写。全书由苗玉强、许辽辉统稿。

在本教材编著过程中，各级领导给予了高度重视和大力支持，普光分公司多位管理专家、技术骨干、技能操作能手为教材的编审修订贡献了智慧，付出了辛勤的劳动，编审工作还得到了中原油田培训中心的大力支持，中国石化出版社对教材的编审和出版工作给予了热情帮助，在此一并表示感谢！

我国高含硫气田开发生产尚处于初期阶段，高含硫气田开发生产经验方面还需要不断积累完善，恳请在使用过程中多提宝贵意见，为进一步完善、修订教材提供借鉴。

CONTENTS 目录

— 24 —

第一章 基础知识

第一节　通用基础知识

1. 什么是化合物？

答：化合物是由两种或两种以上的元素组成的纯净物，如：硫化氢(H_2S)。

2. 什么是单质？

答：物质的分子是由一种元素的原子组成，该物质称为单质，如：氧气(O_2)。

3. 什么是混合物？

答：由两种或两种以上的化合物或单质混合而成的物质称为混合物，如：空气。

4. 什么是相对原子质量？

答：以 C_{12} 原子质量的十二分之一为标准，其他元素原子的质量与该数值的比值，称为该原子的相对原子质量。

5. 什么是相对分子质量？

答：相对分子质量是组成物质分子的各原子的相对原子质量之和。

6. 物质存在的常见状态有几种？

答：物质存在的常见状态有三种，即：固态、液态、气态。

7. 什么是熔解及熔点？

答：物质由固态变为液态的过程称为熔解，熔解是在一定温度下，并不断吸热进行的，这个温度称为熔点。

8. 什么是凝固及凝固点？

答：物质由液态变为固态的过程称为凝固，凝固是在一定温度下，并不断放热进行的，这个温度称为凝固点。

9. 什么是汽化？

答：物质由液态变为气态的过程称为汽化。

10. 汽化有几种形式？

答：汽化有两种形式，即：蒸发与沸腾。

11. 蒸发与沸腾有什么区别？

答：蒸发是一种在任何温度和压力下都可以发生的，仅从液体表面进行的汽化现象；沸腾是只在一定温度和压力下才能发生的，从液体内部和表面同时进行的汽化现象(此时，液体饱和蒸气压等于外压)。

12. 什么是沸点？

答：沸点是液体沸腾时候的温度，也就是液体的饱和蒸气压与外界压强相等时的温度。

13. 什么是液化？

答：物质由气态变为液态的过程称为液化或冷凝，液化是在一定温度下，并不断放热进行的。

14. 什么是温度？其有何物理含义？

答：温度是表征物体冷热程度的物理量，温度反映了物质内部分子无规则运动的程度。即：温度是物体分子热运动的平均动能的标志。

15. 什么是温标？温标分几种？

答：温度的数值表示法，叫温标。
温标分三种，即：摄氏温标、华氏温标、绝对温标。

16. 摄氏温度是如何划分的？其表示符号是什么？

答：规定在标准大气压下，冰水混合物的温度为 0 摄氏度，水沸腾时的温度为 100 摄氏度，中间分为 100 等份，每一份为 1 摄氏度。摄氏度的符号为"℃"。

17. 华氏温度是如何划分的？其表示符号是什么？

答：规定在标准大气压下，冰水混合物的温度为 32 华氏度，水沸腾时的温度为 212 华氏度，中间分为 180 等份，每一份为 1 华氏度，华氏度的符号为"℉"。

18. 什么是绝对温度？其表示符号是什么？

答：英国科学家开尔文创立了把 $-273.15℃$ 作为零度的温标，这个温标称为热力学温标(或绝对温标)，用热力学温标表示的温度称为热力学温度，又叫绝对温度，其表示符号为"T"，单位：开尔文，符号：K。

19. 摄氏温度与华氏温度及绝对温度之间是如何换算的？

答：摄氏温度与华氏温度换算关系为：

$$t℃ = (1.8t+32)℉$$

摄氏温度与绝对温度换算关系为：

$$T = (273.15+t)K$$

式中　T——绝对温度；

　　　t——摄氏温度。

20. 什么是热量？其单位是什么？

答：物体吸收或放出热的多少，称为热量。其单位为焦耳。

热量表示符号为 Q，焦耳表示符号为 J。

21. 什么是物质的热容？其单位及符号是什么？

答：在不发生相变化与化学变化条件下，一定量的均相物质温度升高 1K 所需的热量称为该物质的热容，通常以符号 C 表示。如果取 1kg 物质为单位，其热容常称为比热容，单位：J/（kg·K），如果取 1 摩尔物质为单位，其热容称为摩尔热容，符号 C_m，单位：J/（mol·K）。

22. 什么是物质的潜热？

答：单位质量的物质，在发生相变时所吸收或放出的热量，称为该物质的潜热。单位：kJ/kg。

23. 什么是物质的显热？

答：当体系在整个变化过程中不发生化学变化和物理变化时，体系与环境交换的热称为显热。

24. 什么是燃烧热？

答：单位质量或单位体积的燃料完全燃烧时所放出的热量，称为该物质的燃烧热。

25. 什么叫标准燃烧热？

答：在 101.3kPa 及指定温度下，1mol 某物质完全燃烧时的恒压标准反应热，称为该物质的标准燃烧热。

26. 什么是热传递？

答：在没有外功作用下，由于存在温度差而引起的能量转移，称为热传递。

27. 什么是导热系数？其与哪些因素有关？

答：任何物质都有传递能量的能力，表征物质导热能力大小这一物理性质的参数，称为导热系数。

导热系数数值与物质组成、结构、密度、温度、压强等因素有关。

28. 什么是密度？其表达式是什么？

答：单位体积的物质所具有的质量称为该物质的密度。

表达式：

$$\rho = m/v$$

式中　ρ——密度，kg/m^3；

　　m——质量，kg；

　　v——体积，m^3。

29. 什么是相对密度？

答：在某一温度下的物质密度与水在4℃时密度之比，称为该物质在该温度下的相对密度。相对密度没有单位。

30. 什么是流量？

答：单位时间内流过管道任一截面的流体量称流量。若流体量以体积计算，则称为体积流量，以 V_s 表示，单位为 m^3/s。若流体量以质量计算，则称为质量流量，以 G_s 表示，单位为 kg/s。

31. 体积流量与质量流量的关系是什么？

答：质量流量＝体积流量×流体密度即：$G_s = V_s \times \rho$

32. 什么是流速？

答：单位时间内，流体在流动方向上所流过的距离，称为流速，用"U"表示，单位为 m/s(米/秒)

33. 什么是化学反应速度？

答：单位时间反应物的减少量或单位时间内生成物的增加量，称为化学反应速度。

34. 什么是化学平衡状态？

答：对可逆反应而言，正反应速度与逆反应速度相等，此时反应体系内各成分的浓度不变，这种状态称为化学平衡状态。

35. 影响化学反应速度的主要因素有哪些？

答：影响化学反应速度的主要因素有：温度、压力、浓度、催化剂。

36. 影响化学平衡的主要因素有哪些？

答：影响化学平衡的主要因素有：温度、压力、浓度。

37. 什么是气体的分压定律？

答：气体的分压定律是：混合气体的总压等于组成混合气体的各组分分压之和。

38. 什么是气体的状态参量？

答：用体积、温度、压力等物理量来描述气体的状态，描述气体状态的物理量叫作气体的状态参量。

39. 什么是克拉珀龙方程，其表达式是什么？

答：任意质量的理想气体的状态方程，称为克拉珀龙方程。其表达式为：

$$PV = nRT = mRT/M$$

式中　n——气体的摩尔数；

　　　m——气体的质量；

　　　M——气体的相对分子质量；

　　　R——摩尔气体恒量，其数值为 8.31 焦/（摩尔·开）。

40. 说出同一理想气体在两种不同状态下压力（P）、体积（V）、温度（T）之间的关系。

答：同一理想气体在两种不同状态下 P、V、T 之间的关系式为：

$$P_1 V_1 / T_1 = P_2 V_2 / T_2 = 恒量$$

41. 同一理想气体在不同状态下 P、V、T 三参数中，任一参数不变时，另两个参数是何关系？

答：同一理想气体在不同状态下 P、V、T 三参数的关系为：

温度不变时，一定质量的气体压强跟体积成反比，即：$P_1 V_1 = P_2 V_2$。

体积不变时，一定质量的气体压强与热力学温度成正比，即：$P_1/P_2 = T_1/T_2$。

压力不变时，一定质量的气体体积与热力学温标成正比，即：$V_1/T_1 = V_2/T_2$。

42. 什么是摩尔质量？

答：摩尔是表示物质的量的单位。1摩尔任何物质的质量，在数值上跟这种物质的相对分子质量（相对原子质量）相同，这个质量叫作摩尔质量。单位：克/摩尔

43. 什么是摩尔体积？

答：在标准状态下（0℃　1个大气压），1摩尔任何理想气体的体积都约为22.4L，这个体积叫作气体的摩尔体积。

44. 什么是固体物质的溶解度？

答：在一定温度下，在100g溶剂中所能溶解固体物质的最大量，称为该物质在这一温度下在该溶剂中的溶解度。

45. 什么是气体的溶解度？

答：在一定温度、压力下，单位体积的溶剂所能溶解气体的体积数，称为该气体在该溶剂中相应条件下的溶解度。

46. 写出烷烃、烯烃、炔烃、环烷烃的化学通式。

答：烷烃：C_nH_{2n+2}；烯烃同环烷烃：C_nH_{2n}；炔烃：C_nH_{2n-2}。

47. 什么是溶液？

答：一种或一种以上的物质分散到溶剂里，形成均一的、稳定的混合物叫作溶液。

48. 什么是溶剂、溶质？

答：能溶解其他物质的物质叫溶剂。被溶解在溶剂中的物质叫溶质。

49. 什么是溶解性？

答：一种物质溶解在另一种物质里的能力叫溶解性。

50. 什么是饱和溶液？

答：在一定温度下，在一定量的溶剂里，不能再溶解某种溶质的溶液，叫作这种物质在这种溶剂里的饱和溶液。

51. 什么叫结晶？

答：溶质从溶液中析出固体的过程叫结晶。

52. 什么叫风化？

答：在室温时和干燥的空气里，结晶水合物失去一部分或全部结晶水的现象叫作风化。

53. 什么叫溶解热？

答：气相中的溶质溶入吸收剂以后吸收或放出的热量，称为溶解热，常以 J/kg 溶质或 J/mol 溶质表示。

54. 什么叫蒸馏？

答：蒸馏是指利用液体混合物中各组分挥发性的差异而将组分分离的传质过程。

55. 什么是闪蒸？

答：闪蒸又称平衡蒸馏，是一种单级蒸馏操作，当在单级平衡釜内进行平衡蒸馏时，釜内液体混合物被部分汽化，使气、液两相处于平衡状态，并最终使两相分离，这种操作称为闪蒸。

56. 什么叫质量分数？

答：混合物中某组分的质量与混合物总质量比值，称为该组分的质量分数。

57. 什么叫摩尔分数？

答：混合物中某组分的摩尔数与混合物总摩尔数的比值，称为该组分的摩尔分数。

58. 什么叫压力分数和体积分数？

答：理想气体混合物中某一组分的摩尔分数等于该组分的分压与混合气体总压之比，即压力分率；也等于该组分的分体积与混合气体总体积之比，即体积分数。

59. 什么叫挥发度？

答：挥发度是表示某种液体容易挥发的程度。

60. 什么叫扩散？

答：物质在一相内部有浓度差异条件下，由流体分子的无规则运动而引起的物质传递现象，称为分子扩散，习惯上称为扩散。

61. 什么叫化学反应热效应？

答：化学反应热效应是指恒温恒压或恒温恒容，且不做非体积功的条件下，反应吸收或放出的热量。

62. 什么叫饱和蒸汽压？

答：在一定温度下，气液两相平衡的状态称为饱和状态，其蒸汽为饱和蒸汽，其压力就是饱和蒸汽压。

63. 什么是黏度？常用黏度单位有哪几种？

答：黏度是液体受外力作用流动时，液体分子间所呈现的内摩擦力。
常用黏度单位有：1）动力黏度 η，单位：$Pa \cdot s$；2）运动黏度 υ，单位：m^2/s。

64. 什么是临界压力？

答：气体在临界温度时发生液化所需最小压力称为临界压力。用 P_c 表示。

65. 什么是临界温度？

答：气体加压液化所需的最高温度称为临界温度。用 T_c 表示。

66. 什么是临界比容？

答：溶剂在临界温度、临界压力下所具有的比容，称为溶剂的临界比容。
临界温度、临界压力、临界比容统称为溶剂的临界状态参数。

67. 流体流动系统里，需要考虑流体哪几种能量？

答：有内能、位能、静压能、动能等四种能量。

68. 什么是理想流体?

答：不可压缩、不计黏性(黏度为零)的流体称为理想流体。

69. 什么是位能、静压能、动能?

答：位能：流体因处于地球重力场内而具有的能量，称为位能。

静压能：流动的流体内部，任一位置都有一定的静压力，这种静压力产生的能量，称为静压能。

动能：流体按一定的速度运动，流体由于运动而产生的能量，称为流体动能。

70. 对连续流动的理想流体，位能、静压能、动能三种能量的关系是什么?

答：对同一连续流动的理想流体，位能、静压能、动能三种能量的关系是：

$$位能+静压能+动能 = 常数$$
$$即：p/\rho+1/2 \cdot u^2+gz = 常数$$

式中　p——静压力；

　　　ρ——流体密度；

　　　u——流体流速；

　　　z——流体距基准水平面垂直距离。

71. 按结构形式的不同塔可以分为几类?

答：按结构形式可分为：板式塔、填料塔。

72. 什么是压力?

答：压力就是一物体施加于另一物体单位面积上均匀垂直的作用力(物理学上称为压强)。

73. 标准大气压是如何规定的?

答：国际上规定：在纬度为45°的海平面上及温度为0℃，截面为$1cm^2$的大气柱的重力为一个标准大气压。

74. 什么是工程大气压?

答：在$1cm^2$的面积上有$1kg$均匀垂直的力，为一个工程大气压。

75. 标准大气压(atm)、工程大气压(at)、米水柱(mH₂O)、毫米汞柱(mmHg)、公斤力平方厘米(kgf/cm²)之间是如何换算的?

答：$1atm = 101.3kPa = 1.033kgf/cm^2 = 760mmHg = 10.33mH_2O$

$1at = 98.1kPa = 1.0kgf/cm^2 = 735mmHg = 10mH_2O$

76. 什么是绝对压力？

答：绝对压力是指直接作用于容器或物体表面的压力，即物体承受的实际压力，其零点为绝对真空，符号为 P_{abs}。

77. 什么是表压？

答：当被测流体的绝对压力大于大气压时，压力表读数表示被测流体的绝对压力比大气压高出的值称表压。

78. 什么是真空度？

答：当被测流体的绝对压力低于大气压时，压力表读数表示被测流体绝对压力比大气压低出的值，称为真空度。

79. 绝对压力与表压、大气压、真空度之间的关系是什么？

答：绝对压力与表压、大气压、真空度之间的关系是：

$$表压 = 绝对压力 - 大气压$$
$$真空度 = 大气压 - 绝对压力$$

80. 什么叫泡点、泡点压力、露点和露点压力？

答：泡点温度是在恒压条件下加热液体混合物，当液体混合物开始汽化出现第一个气泡的温度。

泡点压力是在恒温条件下逐步降低系统压力，当气体混合物开始汽化出现第一个气泡的压力。

露点温度是在恒压条件下冷却气体混合物，当气体混合物开始冷凝出现第一个液滴的温度。

露点压力是在恒温条件下压缩气体混合物，当气体混合物开始冷凝出现第一个液滴的压力。

81. 泡点和露点之间有何关系？压力对泡点和露点有何影响？

答：在一定的压力下，对于单一纯物质来讲，泡点等于露点。而对于混合物泡点温度总是低于或等于露点温度。

压力增高，物质的泡点温度相对升高，而露点温度相对降低；压力降低，则泡点相应降低，而露点相应增高，二者之间距离拉开，更有利于分离效果的提高。

82. 什么叫比热容？

答：比热容又称热容，它是指单位物质（按质量或分子计）温度升高 1℃ 所需的热量，单位是 kJ/（kg·℃）或 kJ/（mol·℃）。液体油品的比热容低于水的比热容，油气的比热容也低于水蒸气的比热容。

83. 什么叫"相"?

答："相"是指系统(体系)中的物质具有相同物理和化学性质完全均匀的部分,呈气态的相称气相,呈液态的相称液相。

84. 什么是凝结? 水蒸气凝结有何特点?

答:物质从气态变成液态的现象叫凝结,也叫液化。

水蒸气凝结有以下特点:

1) 一定压力下的水蒸气,必须降到该压力所对应的凝结温度才开始凝结成液体。这个凝结温度也就是液体在此对应压力下的沸点,压力降低,凝结温度随之降低,反之,则凝结温度升高。

2) 在凝结温度下,水从水蒸气中不断吸收热量,则水蒸气可以不断凝结成水,并保持温度不变。

85. 什么是道尔顿分压定律?

答:道尔顿分压定律:对于理想气体,在任何容器内的气体混合物中,如果各组分之间不发生化学反应,则每一种气体都均匀地分布在整个容器内,它所产生的压强和它单独占有整个容器时所产生的压强相同。

86. 什么叫化学平衡? 什么是平衡常数?

答:1) 化学平衡是指在宏观条件一定的可逆反应中,化学反应正逆反应速率相等,反应物和生成物各组分浓度不再改变的状态。可用 $\Delta rGm = \sum \nu A \mu A = 0$ 判断, μA 是反应中 A 物质的化学式。根据勒夏特列原理,如一个已达平衡的系统被改变,该系统会随之改变来抗衡该改变。

2) 化学平衡常数,是指在一定温度下,可逆反应无论从正反应开始,还是从逆反应开始,也不管反应物起始浓度大小,最后都达到平衡,这时各生成物浓度的化学计量数次幂的乘积除以各反应物浓度的化学计量数次幂的乘积所得的比值是个常数,用 K 表示,这个常数叫化学平衡常数。

87. 什么叫汽化潜热?

答:温度不变时,单位质量的某种液体物质在汽化过程中所吸收的热量,叫作汽化潜热。

88. 什么是饱和蒸汽压?

答:在密闭条件中,在一定温度下,与固体或液体处于相平衡的蒸气所具有的压力称为蒸汽压。同一物质在不同温度下有不同的蒸汽压,并随着温度的升高而增大。不同液体饱和蒸汽压不同,溶质难溶时,纯溶剂的饱和蒸汽压大于溶液的饱和蒸汽压;对于同一物质,固态的饱和蒸汽压小于液态的饱和蒸汽压。

89. 什么叫"相"？

答：所谓"相"，就是指系统(体系)中的物质具有相同物理和化学性质完全均匀的部分。呈气态的相称气相，呈液态的相称液相。

90. 什么叫"相平衡"？

答：所谓"相平衡"，就是指体系的性质不随时间的变化而发生变化。在这种状态下，液相表面分子不断逸出进入汽相和汽相分子不断进入液相的分子数是相等的，所以平衡是动态的平衡，这种状态的保持也是相对的、暂时的、有条件的。一旦条件变化，平衡状态也将打破。从理论上讲真正的平衡状态是达不到的。

91. 什么是传质过程？

答：物质以扩散形式从一相转移到另一相的过程即为传质过程。因为传质过程是借助于分子的扩散运动，使分子从一相扩散到另一相故又叫扩散过程。两相间传质过程的进行，其极限是要达到相间的传质平衡为止，但相间的平衡只有经过长时间的接触后才能建立，而实际生产中相间的接触时间一般是有限的，故在塔内不能达到传质平衡状态。

92. 什么是饱和蒸汽？

答：在单位时间内逸出液面与回到液体的分子数相等，蒸汽与液体的数量保持不变，汽、液两相达到平衡，这种状态称饱和状态。这时蒸汽和液体的压力称为饱和压力，它们的温度称为饱和温度，对应一定的饱和压力有一定的饱和温度。饱和蒸汽是蒸汽与液体处于平衡状态时蒸汽。

93. 什么是过热蒸汽？

答：蒸汽的温度高于其压力所对应的饱和温度时，此蒸汽称为过热蒸汽。过热蒸汽的温度与其压力所对应的饱和温度之差称为"过热度"。过热蒸汽的过热度越高，它越接近气体，同气体一样，过热蒸汽的状态由两个独立参数(如温度和压力)确定。

94. 什么叫过热气体、过冷液体？

答：气体的温度如果高于其露点温度，此气体称为过热气体。液体的温度如果低于其凝固点温度，此液体称为过冷液体。

95. 什么是层流，什么是湍流？

答：流体在管道中流动时其状态可分为层流和湍流，当流体质点始终沿着与管轴平行的方向成层的流动为层流；当流体质点除沿着管轴向前流动外，还由于流速大小和流动方向随时发生变化，作不规则的径向运动，使质点互相碰撞发生旋涡，这种流体状态称湍流。

96. 什么是反应物，什么是生成物，什么是吸热反应，什么是放热反应？

答：1) 在化学反应中，参与化学反应的物质称反应物。

2）在化学反应中，最终生成的物质称为生成物。

3）放出热能的化学反应称为放热反应。

4）从环境中吸收热能的反应称吸热反应。

97. 说明溶液的酸碱性与 pH 值的关系？

答：溶液的酸性越高，pH 值越小；碱性越高，pH 值越大；当溶液呈中性时，pH 值为 7。

98. 硫黄的用途有哪些？

答：我国硫黄约 75% 以上用于生产硫酸，其余供其他工业用，但使用范围较广，十分复杂，我国用硫黄生产硫酸是占硫黄消费的 45% 左右，其余还用于食糖、粘胶纤维、染料、橡胶、农药、选矿药剂、特种硫黄等行业。

99. 压力的三种表示方法是什么？

答：压力的三种表示方法是绝对压力，表压，真空度。

100. 公称直径指的是？

用标准的尺寸系列表示管子、管件、阀门等口径的名义内直径。

101. 公称压力是指？

答：管子、管件、阀门等在规定温度允许承受的以标准规定的系列压力等级表示的工作压力。

102. 流体的密度包括哪些内容？

答：流体的密度包括液体的密度和气体的密度。

103. 在一般温度和压力下，怎样求气体的密度？

答：可近似地用理想气体状态方程式来计算，即 $pV=nRT$。

104. 如何理解流体静力学基本方程式？

答：在静止的液体中，液体任一点的压力与液体密度和其深度有关，液体密度越大，深度越大，则该点的压力越大；当液体上方的压强 P_0 或液体内部任一点的压强 P 有变化时，必将使液体内部其他各点的压强发生同样大小的变化。

105. 流体动力学的基本概念包含哪些？

答：流体动力学的基本概念包含流量和流速，稳定流动和不稳定流动。

106. 稳定流动的本质是什么？

答：稳定流动的本质是稳定流动系统中物料的质量保持不变。

107. 流体具有能量的表现形式有哪些？

答：流体具有能量的表现形式有位能、动能、静压能、外加能量和损失能量。

108. 如何实现流体从低压头处向高压头处的流动过程？

答：实现流体从低压头处向高压头处的流动过程，必须加入外加功，或设法在上游提高某一形式的机械能，使上游处总机械能大于下游总机械能后，流动过程才能实现。

109. 流体在管内有哪几种基本流动形态，如何判定？

答：流体在管内流动一般分为层流和湍流两大类型，介于两者之间称为过渡流，它是流体由层流过渡到湍流的一种过渡暂存的状态。

由雷诺实验可知当雷诺系数 $Re<2000$ 时流动状态为层流，$Re \geqslant 4000$ 时流动状态为湍流。因此把 2000 作为 Re 的下临界值，4000 作为 Re 的上临界值，Re 数表示流体所处的状态。

110. 流速计算公式是什么？

答：流速计算公式：$V=Q/A$

式中　V——流速，m/s；

Q——流量，m^3/s；

A——与流体流动方向垂直的管道截面积，m^2。

111. 同一流体在流经不同直径管线时，流速与管径的关系是什么？

答：一流体在流经不同直径管线时，流速与管径平方成反比，即：

$$U_1/U_2 = (d_2/d_1)^2$$

112. 常见介质在管道内流动时，流速范围验值是多少？

答：一般液体为：1.5~3m/s；　　　　高黏度液体：0.5~1m/s；

气体：10~20m/s；　　　　　　　高压气体：15~25m/s；

饱和水蒸气：20~40m/s；　　　　过热蒸汽：30~50m/s。

113. 什么是催化剂，催化剂有哪些使用特性？

答：能改变某些物质的化学反应速度，在反应终了时，本身的原有化学性质保持不变的物质叫催化剂。其使用特征：改变反应速度、不改变化学平衡、具有选择性等三大特征。

114. 什么是催化剂的比表面？

答：催化剂的比表面，指单位质量催化剂的内外表面积，以 m^2/g 表示。一般来说，催化剂的活性随着比表面的增加而增加，但增加比表面的同时，又会降低孔径。

115. 什么是催化剂的孔容？

答：催化剂的孔容指单位质量催化剂颗粒的孔隙体积称为孔容，以 cm^3/g 表示。

116. 催化剂的平均孔径，孔径大小对反应有什么影响？

答： 催化剂的平均孔径是催化剂孔体积与比表面的比值，以埃（A）表示。（$1A = 10^{-10}m$）催化剂的孔径大小不但影响催化剂活性，而且影响到催化剂的选择性。当比表面增大时，由于孔径相应变小，当反应物的分子直径大于孔径，反应物不仅不容易扩散到孔内去而且进去分子反应后的中间产物也不易扩散出来，停留在孔内发生二次反应，结果会生成我们不希望的产物，使催化剂选择性降低。

117. 什么叫催化剂的堆积重度？

答： 催化剂的堆积重度又叫填充重度，即单位体积内所填充的催化剂质量，单位为 kg/m^3。

118. 什么叫催化剂中毒？

答： 催化剂在使用过程中，由于某些物质(催化剂毒)牢固地吸附在活性表面上而使催化剂活性和选择性大大下降的现象，叫催化剂中毒。通过一般再生方法能恢复催化剂活性的称暂时中毒，不能恢复时称永久性中毒。

第二节　工艺专业基础知识

1. 选用脱硫溶剂的主要依据是什么？

答： 一种好的脱硫溶剂应具有化学稳定性好、腐蚀性小、挥发性低，以及解析热低和溶液酸气负荷大等特点；除具备上述特点外还要考虑气体产品的需求，如选择性气体净化及有机硫的脱除要求，或释放气能否满足下游处理装置的原料标准等方面。

2. 乙醇胺(MEA)的主要特点是什么？

答： 早期的净化装置都以一乙醇胺(MEA)为溶剂，其特点是化学反应活性好，很容易将原料气中的 H_2S 含量降至 $6mg/m^3$ 以下。同时也大量脱除原料气中的 CO_2，故该溶剂几乎没有选择性。4 种醇胺中 MEA 的相对分子质量最小(61.09)，故醇胺溶液的质量浓度相同时 MEA 物质的量浓度最高。

MEA 的缺点是：容易发泡及降解变质。同时，MEA 的再生温度较高，易导致再生系统腐蚀严重。MEA 溶液浓度一般采用 15%(wt)，最高不超过 20%；酸气负荷取 0.3 摩尔(酸气)/摩尔。

3. 二乙醇胺(DEA)的主要特点是什么？

答： DEA 是仲醇胺，与 MEA 相比它与 COS 和 CS_2 的反应速率较低，故与有机硫化合物发生副反应而造成的溶剂损失量相对较少。适用于原料气中有机硫化合物含量较高的原料气，如炼制含硫原油炼厂中炼厂气。DEA 对原料气中的 H_2S 与 CO_2 基本上也无选择性。

DEA 水溶液的浓度可提高至 55%（wt），酸气负荷也可达到 0.7mol/mol 以上，从而大幅度地降低了溶液循环量，且净化度也有所改善。

4. N-甲基二乙醇胺（MDEA）主要特点是什么？

答：20 世纪 80 年代，后 N-甲基二乙醇胺（MDEA）溶液才应用于气体净化。其特点是：能选择性地脱除 H_2S，将 CO_2 保留在净化气中，节能效果明显，能显著改善原料酸性气的质量。由于 MDEA 是叔醇胺，分子中不存在活泼 H 原子，因而化学稳定性好，溶剂不易降解变质；且溶液的发泡倾向和腐蚀性也均低于 MEA 和 DEA。MDEA 溶液的浓度可达到 50%（wt）以上，酸气负荷也可取 0.5~0.6，甚至更高。目前普遍使用这种溶剂，该溶剂具有选择吸收性能好、酸性气负荷大、腐蚀轻、溶剂使用浓度高、循环量小、能耗低等特点。

5. 目前硫回收工艺流程通常有哪几种？

答：目前硫回收工艺流程通常有单流法工艺流程、分流法工艺流程和阿莫科工艺流程三种。

6. 如何选择使用硫回收工艺流程？

答：当酸气中 H_2S 含量高于 25%，采用单流法工艺流程；当酸气中 H_2S 含量在 15%~25%时，采用分流法工艺流程；当酸气中 H_2S 含量低于 15%，采用阿莫科工艺流程。

7. 硫回收装置的过程气通常有哪几种再热方式？

答：硫回收装置的过程气再热方式通常有高温掺合法、酸气再热炉法、燃料气再热炉法和过程气换热法四种。

8. 目前大中小型硫回收分别采用哪种再热方式？

答：大型装置普遍采用酸气热炉法和燃料气再热炉法，中小型装置普遍采用高温掺合法和过程气换热法。

9. 在硫回收工艺中，化学反应主要发生在什么地方？

答：在硫回收工艺中，化学反应主要发生在燃烧炉和转化器中。

10. 酸气中的哪些杂质可能产生副反应？

答：酸气中的 CO_2、H_2O、CH_4 及其他烃类、氨气等物质可能产生副反应。

11. 影响硫收率的因素有哪些？

答：影响硫收率的因素有：1）燃烧炉的配风比；2）转化器的级数的操作温度；3）催化剂的活性；4）有机硫的损失；5）过程气的冷凝和液硫雾滴的捕集；6）酸气质量。

12. 转化器级数的选定受哪些指标限制？

答：转化器级数的选定受装置硫回收率和尾气排放标准两项指标限制。

13. 酸气中的烃类杂质对硫回收装置有何影响？

答：1) 过多的烃类存在，使所需的燃烧空气量增加，过程气中 CO_2、H_2O 和 N_2 的量猛增，从而稀释反应物，降低了回收率；2) 过多的烃类存在，在燃烧炉内燃烧生成的 COS 和 CS_2 增加，降低了硫转化率，尾气中的硫化物排放量增加；3) 过多的烃类燃烧会释放出额外热量引起炉温升高，可能损坏耐火材料和废热锅炉管子及管板；4) 当酸气中 H_2S 含量低于 40%，炉温不足以使全部烃类完全燃烧，一部分烃裂解生成碳，使催化剂逐渐失去活性，同时降低硫产品质量。

14. 酸气中氨的存在对硫回收装置有何影响？

答：1) 氨燃烧带入的惰性气体一方面稀释反应物，另一方面可抑制催化作用，减少硫的生成；2) 没有燃烧的氨会转化为各种固体盐类物质，一方面形成沉积和堵塞，另一方面便催化剂逐步失去活性；3) 由氨转化成的各种盐的氧化物不仅会对装置造成严重腐蚀，而且还会造成催化剂失去活性和大气的严重污染；4) 由于氨在燃烧炉中燃烧放出的热量会增加废热锅炉的负荷；5) 由于总气流量增加，使得装置规模增大，投资和维护的费用相应提高。

15. 酸气中的 CO_2 是如何影响硫回收装置的？

答：酸气中的 CO_2 起着稀释原料气的作用，降低反应物分压，从而降低硫转化率；在燃烧炉中，CO_2 与 H_2S 反应生成 COS 和 CS_2 降低了硫转化率。

16. 催化剂应具备哪几种稳定性？

答：催化剂应具备：

1) 化学稳定性——保持稳定的化学组成和化合状态。

2) 热稳定性——能在反应条件下，不因受热而破坏其物理–化学状态，同时，在一定的温度变化范围能保持良好的稳定性。

3) 机械稳定性——具有足够的机械强度，保证反应床处于适宜的流体力学条件。

4) 对于毒物有足够的抵抗力。

17. 工业生产中常用的固体催化剂按其组分功能分，由哪些组分构成？

答：工业生产中常用的固体催化剂按其组分功能分为：

1) 活性组分：又称主体，指多组分催化剂中必须具备的组分。

2) 助催化剂：这类物质单独存在时并没有所需的催化活性，然而它与活性组分共存时却可提高活性组分的活性。

3) 载体：这类物质的功能是提高活性组分的分散度，使之具有较大的比表面积，载体对活性组分起支承作用，使催化剂具有适宜的形状和粒度，以符合工业反应器的操作要求。

18. 活性氧化铝型催化剂与铝土矿型催化剂相比，有何优点？

答：活性氧化铝型催化剂与铝土矿型催化剂相比，强度高、阻力降小、活性高、稳定性好。

19. 引起催化剂活性衰退的因素有哪几类?

答：引起催化剂衰退的因素分为内部和外部两类。一类是催化剂内部结构变化，它使催化剂活性缓慢降低且不能再生；另一类是外部因素，其作用迅速，但有时可以防止，采取一定措施后催化剂活性可以部分或全部恢复。

20. 影响催化剂活性衰退外部因素有哪些?

答：影响催化剂活性衰退的外部因素主要有硫沉积、含碳物质沉积、硫酸盐化共三种，它们造成的催化剂活性降低是暂时的，可以恢复。

21. 为何要对液硫进行脱气处理?

答：因为硫回收装置生产的液硫中通常溶有少量的 H_2S，而 H_2S 是一种剧毒气体，它不仅污染环境、腐蚀设备、威胁操作人员的健康，还会引起火灾和爆炸事故。

22. 液硫输送应注意什么?

答：液硫输送应注意液硫的黏度特性，防止液硫凝固，所有管道和设备都应保持在 $130 \sim 140℃$ 范围内，管道应倾斜，储硫设备应放在最低处，确保卸载时所有液硫均能自动排干净。

23. 超级克劳斯法主要特点是什么?

答：超级克劳斯法主要特点是使两级常规克劳斯转化段维持在富 H_2S 条件下运行，使二段出口过程气中 H_2S 与 SO_2 的比值控制在 $10 \sim 100$，最后一级则将未反应的 H_2S 直接氧化为单质硫。

24. 酸性气中 H_2S 浓度与酸性气密度是什么关系?

答：一般来说酸性气中 H_2S 浓度越高，酸性气的密度越小。

25. 简述分硫法制硫工艺。

答：分硫法制硫是将三分之一的酸性气引入燃烧炉，所配空气量为 H_2S 和烃类完全燃烧所需的空气量。该过程再与三分之二的酸性气在一级转化器前混合，在催化剂的作用下，H_2S 与 SO_2 发生反应生成 S。

26. 酸性气制硫通常有几种方法?

答：酸性气制硫通常有部分燃烧法、分硫法和直接氧化法三种，其中在炼油厂通常使用部分燃烧法。该方法经过几十年的发展开发出许多工艺，如 MCRC 工艺、克劳斯工艺、超级克劳斯工艺等。

27. 简述部分燃烧法制硫工艺。

答：部分燃烧法制硫是将全部酸性气引入燃烧炉，所配空气量为烃类完全燃烧和三分之

一 H_2S 燃烧生成 SO_2，并在燃烧炉内发生高温克劳斯反应，使部分 H_2S 和 SO_2 发生反应生成 S，剩余的 H_2S 和 SO_2 接着在催化剂的作用下，发生低温克劳斯反应进一步生成 S。

28. 简述硫回收中 SCOT 工艺。

答：SCOT 工艺在 20 世纪 70 年代初由英国和荷兰国际壳牌集团开发，该工艺是在克劳斯装置基础上再增设一套尾气处理装置，把克劳斯来的尾气与还原气加热进入 SCOT 反应器，在钴/钼催化剂作用下，把 S 和 SO_2 还原成 H_2S，然后经冷凝脱水进入胺吸收塔，把硫化氢吸收下来，使尾气得到净化，这样使装置达到 99.5% 以上的硫回收率。

29. 简述硫回收中富氧工艺。

答：富氧硫回收工艺是提高进入反应炉燃烧空气中的氧含量，提高火焰温度及火焰的稳定性，并降低过程气中惰性组分氮气的含量，提高装置的处理能力和硫回收率，烧嘴温度的提高，可以防止结炭引起的催化剂中毒。特别对于含氨酸性气，采用富氧工艺，可以产生更高的火焰温度，促进氨的分解，防止氨盐在后续催化剂床层上的沉积。

30. $H_2S(V)$ 浓度为 20% 的酸性气能否采用部分燃烧法制硫？为什么？部分燃烧法制硫对酸性气 H_2S 浓度有何要求？

答：H_2S 浓度为 20%(V) 的酸性气不能采用部分燃烧法制硫，因为酸性气 H_2S 浓度过低，用部分燃烧法会使反应炉温度达不到指标要求，H_2S 浓度为 20% 的酸性气应该采用分流法。部分燃烧法制硫要求酸性气 H_2S 浓度在 45%(V) 以上。

31. 分流法制硫工艺在燃烧炉中有无硫黄生成？为什么？

答：分流法制硫工艺在燃烧炉中无硫黄生成，因为分流法制硫工艺在燃烧炉中的反应是按 100% 的化学计量进行的，即酸性气中硫化氢全部燃烧生成 SO_2，不生成硫黄。

32. 克劳斯工段用燃料气进行热备用期间必须达到什么条件？

答：克劳斯工段用燃料气进行热备用期间必须确保反应炉温度在 1000~1200℃，反应器床层温度 300℃，焚烧炉温度 600℃，硫冷凝器压力 0.35MPa，废热锅炉力 3.9MPa。

33. 尾气净化工段催化剂用酸性气进行预硫化时，对酸性气有何要求？若用克劳斯尾气进行预硫化呢？

答：尾气净化工段钴/钼催化剂进行预硫化时，若用酸性气进行预硫化，要求酸性气中 NH_3 含量小于 5%(V)，重烃含量小于 1%(V)，若用克劳斯尾气进行预硫化，要求尾气中 H_2S/SO_2 之比为 5~8。

34. 按操作方式的不同，蒸馏分哪几种？

答：按操作方式的不同，蒸馏分为简单蒸馏、精馏、特殊精馏等多种方式。

35. 按操作压力的不同，蒸馏又分哪几种？

答：按操作压力的不同，蒸馏分为常压蒸馏、减压蒸馏、加压蒸馏。

36. 按被分离混合液中所含组分数目的不同，蒸馏又分哪几种？

答：按被分离混合液中所含组分数目的不同，蒸馏分为双组分蒸馏和多组分蒸馏。

37. 管件一般包括哪些部件？

答：管件一般包括弯头、法兰、弯管、三通、四通、管接头、异径管接以及活节等。

38. 法兰的基本形式可分哪四类？

答：法兰的基本形式可分为：整体法兰、带颈对焊法兰、平焊法兰、松套法兰。

39. 法兰密封面形式有哪几类？

答：法兰密封面有以下几类：全平面、突面、凹凸面、榫槽面、环连接面、锥面。

40. 阀门的主要作用是什么？

答：阀门的主要作用是接通截断介质；防止介质倒流；调节介质的压力、流量分离、混合或分配介质；防止介质压力超压等。

41. 阀门按用途如何进行分类？

答：阀门按照用途进行如下分类：
1）截断用：截断管路中介质。如：闸阀、截止阀、球阀、旋塞阀、蝶阀等。
2）止回用：防止介质倒流。如：止回阀。
3）调节用：调节压力和流量。如：调节阀、减压阀、节流阀、蝶阀、V 形开口球阀、平衡阀等。
4）分配用：改变管路中介质流向，分配介质。如：分配阀、三通或四通球阀、旋塞阀等。
5）安全用：用于超压安全保护。如：安全阀、溢流阀。
6）其他特殊用途：如蒸汽疏水阀、空气疏水阀、排污阀、放空阀、呼吸阀、排渣阀、温度调节阀等。

42. 如何选用阀门？

答：1）根据使用特性：确定阀门的主要使用性能和使用范围。
属于阀门使用特性的有：阀门的类别；产品类型；阀门主要零件的材料；阀门传动方式等。
2）根据结构特性：确定阀门的安装、维修、保养等方法的一些结构特性。属于结构特性的有：阀门的结构长度和总体高度、与管道的连接形式(法兰连接、螺纹连接、夹箍连接、外螺纹连接、焊接端连接等)；密封面的形式(镶圈、螺纹圈、堆焊、喷焊、阀体本体)；阀杆结构形式(旋转杆、升降杆)等。
3）明确阀门在设备或装置中的用途，明确与阀门连接管道的公称通径和连接方式、阀门操作方式，根据管线输送的介质、工作压力、工作温度确定所选阀门的壳体和内件的材料，选择阀门的种类，阀门的形式，确定所选阀门的几何参数。

4）选择阀门的依据包括所选用阀门的用途、使用工况条件和操纵控制方式，阀门规格及类别，应符合管道设计文件的要求，工作压力要大于或等于管道的工作压力及工作介质的性质，明确工艺流程对阀门流体特性的要求、安装尺寸和外形尺寸要求，对阀门的产品可靠性、使用寿命和电动装置的防爆性能等附加要求做判断。

43. 试述闸阀的结构和特点？

答：闸阀又叫闸板阀，这种阀门的阀体内有一平板也叫闸板，与介质流动方向垂直，平板升起时阀即开启。该种阀门由于阀杆的结构形式不同可分为明杆式和暗杆式两类。闸阀的密封性能较好，流体阻力小，开启、关闭力较小，适用比较广泛。它一般适用于大口径的管道上。

44. 试述截止阀的结构和特点？

答：截止阀是利用装在阀杆下面的阀盘与阀体的突缘部分相配合来控制阀的启闭，它的结构较简单，维护方便，截止阀也可以调节流量，应用也较广泛，但流体阻力较大。

45. 调节阀如何分类？

答：1）依气动调节阀在有信号作用时阀芯的位置可分气关式和气开式。
2）依阀芯的外形可分柱塞式、窗口式、蝶式等。
3）依阀芯结构特性可分快开、直线性、抛物线性和对数性(等百分比)。
4）依阀芯结构可分单芯阀、双芯阀及隔膜片等。
5）依流体的流通情况可分：直通阀、角形阀及三通阀等。
6）依阀的耐温情况可分高温阀、普通阀和低温阀等。
7）依传动机构可分直程式及杠杆式等。

46. 调节阀的作用形式有哪几种？如何选用？

答：调节阀的作用形式有以下几种：
1）气开式调节阀：输入风压增大时，阀门开大。
2）气关式调节阀：输入风压增大时，阀门开小。
根据工艺情况，从安全角度来选用气开或气关式调节阀。
3）正作用调节阀：气压信号从膜片上部进入，阀杆下移。
4）反作用调节阀：气压信号从膜片下部进入，阀杆上移。
大口径的调节阀多是正作用，通过改变阀芯的安装方向来确定是气开或气关；小口径的调节阀大多是反作用，通过改变输入信号的方向来确定气开或气关形式。

47. 阐述调节阀的结构形成。

答：1）直通双座调节阀。
双座调节阀阀体内有两个阀芯和阀座。它具有上下两个阀芯，流体作用在上下阀芯的推力方向相反而大致抵消，所以允许压差较大，因此得到广泛应用。

双座阀的缺点是关闭时泄漏量大，阀体流路较复杂，使用于高压差时，冲蚀严重。同时也不适用于高黏度介质和含有颗粒介质的调节。

2）直通单座调节阀。

阀体内只有一个阀芯和阀座。其特点是泄漏量小，容易保证密闭。

3）角型阀。

角形调节阀除阀体为角形外，其他与单座阀类似。由于结构上的特点，使之流程简单，阻力小，特别有利于高压降、高黏度的流体。

4）三通阀。

三通阀有三个出入口，按作用方式分合流和分流两种。三通阀一般用于代替二个直通阀。用来调节热交换器的温度。

5）隔膜阀。

隔膜阀由隔膜调节，并用带有耐腐蚀衬里的阀体，同时用耐腐蚀隔膜代替了阀芯阀座的组件。因而可用于耐腐蚀，阻力小的流体，但忌高温。

6）笼型阀(套筒阀)。

阀内组件采用压力平衡式结构，所以，可用较小的执行机构就能适用于高差压和快速响应的节流场合。阀芯位于套筒里，并以套筒为导向，所以，具有防振耐磨的特点。拆卸方便，阀内组件的检修和更换也很方便。如需改变阀的流通能力，只更换套筒，而不必更换阀芯。使用寿命长。

48. 调节阀的"风开"和"风关"是怎么回事？如何选择？

答：有信号压力时阀关，无信号压力时阀开的为风关阀。反之，为风开阀。风关、风开的选择主要从生产安全来考虑，当信号压力中断时应避免损坏设备和伤害操作人员，如此时阀门处于打开位置的危害性小，便应选用风关的气动执行器，反之则选用风开式。例如，调节进入加热炉内的燃料气流量时，应选风开阀。这样，当调节器发生故障或仪表供气中断时，便停止了燃料气进入炉内，以免炉温继续升高而烧坏炉子。

49. 调节阀的"正""反"作用是什么意思？调节器的"正""反"作用是什么意思？

答：调节阀的"正""反"作用是：当阀体直立、阀芯正装时，阀芯向下位移而阀芯与阀座间流通截面减少的，称为正作用式。反之，称为反作用式。

调节器的"正""反"作用是：当正作用时，正偏差越大则调节器的输出越大；反作用时，负偏差越大则调节器输出越大。

50. 什么是气开阀？什么是气关阀？选用依据是什么？

答：气动调节阀由气动执行机构和调节机构组成。执行机构具有正反作用，调节阀(具有双导向阀芯)也有正反作用，它们构成了气动执行器的气开或气关。

供风大，阀开度增大；供风小，阀开度减少；无供风时阀全关的调节阀称气开阀。供风大，阀开度减小；供风小，阀开度增大；无供风时阀全开的调节阀称气关阀。气开、气关的选择主要从生产安全来考虑，当压力信号中断时，若阀门开着比较而言安全，则选用气关式，若阀门关着比较安全，则选用气开式。

气开阀一般用于塔顶、塔底排出，气关阀一般用于塔顶回流和塔底循环。

51. 阀门定位器的作用是什么？

答：阀门定位器是气动执行器的辅助装置，与气动执行机构配套使用。它可以使阀门位置按调节器送来的信号正确定位，使阀杆位移与送来的信号压力保持线性关系。

52. 在哪些场合下必须加装阀门定位器？

答：在以下场合必须加装阀门定位器：
1）摩擦力大，需要精确定位的场合。
2）缓慢过程需要提高调节阀速度的系统。
3）需要提高执行机构输出力和切断能力的场合。
4）调节介质中含有固体悬浮物或黏性流体场合。
5）分程调节系统和调节阀运行中有时需要改变气开、气关形式的场合。
6）需要改变调节阀流量特性的场合。
7）采用无弹簧执行机构的控制系统。

53. 安装时要考虑安装方向的阀门有哪些？

答：安装时要考虑安装方向的阀门有：截止阀、单向阀、减压阀、自力阀、安全阀、疏水阀、角阀等。

54. 装置阀门与管线常用的连接形式是什么？

答：装置阀门与管线常用的连接形式是法兰连接、螺纹连接、焊接。

55. 普通阀门中，一般用于需快速开关场合的阀门是什么阀？

答：普通阀门中，一般用于需快速开关场合的阀门是球阀。

56. 大管径，需较小压力损失场合的阀门是什么阀？

答：大管径，需较小压力损失场合的阀门是闸阀。

57. 需限制介质流向的阀门是什么阀？

答：需限制介质流向的阀门是单向阀。

58. 冬天发现阀门被冻住时，应该如何处理？

答：冬天发现阀门被冻住时应先用草包将被冻阀门包住，再往冻住的阀门加热水，使冰块融化。不能立即用蒸汽加热被冻阀门或敲打阀门。

59. 蒸汽疏水阀的作用是什么？

答：蒸汽疏水阀的作用是自动地排除加热设备或蒸汽管道中的蒸汽凝结水、空气等不凝性气体，且不漏出蒸汽，即具有阻汽排水作用。

60. 安全阀的作用是什么?

答:安全阀是压力容器、工业管道的重要安全泄压装置,当压力容器或工业管道超压时,安全阀能自动开启泄压,以保证压力容器、工业管道的安全。同时安全阀起跳时刺耳的声音亦可起到报警作用。

61. 试述安全阀的结构和特点?

答:安全阀主要用于锅炉和压力容器上。当介质压力超过规定数值时,自动开启,排除多余介质,直到压力降到一定数值后又自动关闭。安全阀有弹簧式和杠杆式。弹簧式中又分封闭式和不封闭式。弹簧式安全阀主要依靠弹簧的作用力而工作。一般易燃、易爆或有毒介质应选用封闭式;蒸汽或惰性气体可选用不封闭式。在弹簧安全阀中还有带扳手和不带扳手的,扳手的作用主要是检查阀瓣的灵活程度,有时也可以用作手动紧急泄压。杠杆式安全阀又叫重锤式安全阀,主要靠杠杆重锤的作用力而工作。

62. 什么叫安全阀的排量?

答:在安全阀阀瓣处于全开状态时,从阀门出口处测得的介质在单位时间内的排出量,称为安全阀的排量。

63. 阀门安装要注意哪些方面?

答:阀门安装要注意以下几个方面:

1)新阀门安装前,必须进行过试压检查,以确保阀门的各密封点不泄漏。如果阀门内泄,阀芯及阀座均应研磨,直至不漏。

2)安装时对于有方向性要求的阀门,必须保证与介质流向一致。

3)与阀门连接的管法兰,应与阀门法兰配对。严禁不同规格的阀门代用。

4)阀门垫片质量应符合有关标准,垫片放置要准确到位,防止压偏。

5)螺栓规格要与法兰配对,不能用小一级的螺栓代用,拧紧螺栓时,要对角拧紧,吃力要均匀。

64. 使用阀门时应注意哪些方面?

答:使用阀门时应注意以下几个方面:

1)开关阀要用力均匀,严禁敲打,以免损坏手轮及铜套。

2)新安装的阀门要开关一次,确认阀门的灵活程度。

3)新安装的阀门在阀门丝杆上应均匀涂抹黄油,以保证开关灵活,对于锈迹斑斑,开、关不灵的阀门应除锈,抹黄油。

4)对于有传动装置的阀门,应定期更换润滑油(脂),定期检查确认。

5)停工检修时应对填料出现泄漏阀门的填料进行更换,填料压盖受力均匀,而且不能压得太紧。

6)冬季,铸铁阀门做好防冻防凝工作,防止阀门冻裂。

7)阀门开启时,丝杆应留几扣,不能将阀杆全部拉出。

65. 蒸汽伴热有哪几种形式?

答：蒸汽伴热形式有外伴热、内伴热、夹套伴热三种。

66. 投用伴热器应注意哪些问题?

答：投用伴热器应注意：
1）投用前先进行低点排凝结水，必要时可用蒸汽或风吹扫。
2）先投冷流体，再投热流体。
3）投用管壳程中的一程时，另一程要放空以防憋压。

67. 蒸汽吹扫有哪些注意事项?

答：蒸汽吹扫必须坚持先排凝后引气，引气时要缓慢，先气小后气大的原则，严防打水击，一旦发生水击，必须减气，甚至停气，直至管线不震后，再重新脱水引气。要遵循先少量给气贯通，排凝，暖线，再提量吹扫的原则。

1）首次给气吹扫，或突然提气后吹扫，在设备排空拆开处要有人现场监护，以防止烫伤过路人或正好站在附件作业的人。排放口最好扎个草袋，以免脏物飞溅。

2）蒸汽吹扫管线，最初阶段必须缓慢，有个预热过程。严防引气迅速，增加提气量，造成管线突然受热膨胀向前推移，来不及补偿，将管线拱起，同时还会造成水击，从而造成管托脱落，管线变形，保温层震碎掉落，管架拉斜焊缝拉裂，垫片吹开等一系列后果。在吹扫过程中要随时注意是否有上述情况发生，并做好记录，以便停气后核实是否需要处理。

3）吹扫前应加入必要的盲板和关闭有关阀门，隔断与其他装置和系统的联系。

68. 什么叫水击，引蒸汽时如何防止水击?

答：当大量蒸汽带液通过管道时，遇到弯头或闭合阀门，发生能量相互转换过程，动能转换成静压能，气相中的液体像锤子一样撞击管线或阀门发出响声。严重时，能将管线震裂或将阀门击碎，这就是水击现象。

引蒸汽时要注意以下几点：
1）接通蒸汽后先微开阀门或阀门旁路进行暖管。蒸汽流量小，即动能小，产生的静压能也小。
2）通过导淋阀排净液体，没有液体就产生不了水击现象。

69. 装置开工时为什么要进行蒸汽吹扫? 应注意哪些事项?

答：蒸汽吹扫的目的是：用蒸汽贯通流程，清除设备和管线内脏物。蒸汽吹扫应注意的事项：
1）装置炉子和反应器等设备不得用蒸汽吹扫，介质为空气、压缩风、循环水、除盐水等的管线不用蒸汽吹扫。
2）引蒸汽前要排尽冷凝水，引汽要缓慢，防止水击和膨胀过剧损坏设备。
3）低温温度计要拆除。
4）冷换设备要打开另一程放空。

5）泵和控制阀走副线，防止脏物吹入。

6）待设备或管线吹扫干净后再吹扫仪表引线。

7）远传液位计压力变送膜盒要切除。

70. 蒸汽吹扫打靶方法及要求是什么？

答：1）蒸汽管道的吹扫效果，应用铝靶检查，检查用铝靶表面应保证光洁，宽度为排气口内径的5%~8%，长度等于排气口管道内径，连续两次更换靶板检查，如靶板上肉眼可见的冲击斑痕不多于10点，每点不大于1mm，即认为合格。

2）打靶要在规定位置安装靶板，引蒸汽进行打靶，打靶要求至少持续15min后检查靶板；打靶合格以连续两次合格为准。

3）3.5MPa蒸汽线标靶设在进装置界区入口临时放空线处，出口指向无人空旷的地方，打靶范围应用隔离绳隔开，外管打靶合格后，将蒸汽引至装置内再按照上面步骤进行打靶。

4）一般蒸汽管道或其他用蒸汽吹扫的管道，可用刨光的木板置于排汽口处检查，板上应无铁锈、脏物。

第三节　设备专业基础知识

1. 按压力容器在生产工艺过程中的作用原理不同分为哪几种？

答：反应压力容器、换热压力容器、分离压力容器、储存压力容器。

2. 压力容器定期检验的意义是什么？

答：压力容器定期检验的意义是：通过定期检验，借以早期发现压力容器上存在的缺陷，使它们在还没有危及容器安全之前即被解除或采取适当措施进行特殊监护，以防止压力容器在运行中发生事故。

3. 压力容器内外部检验的检查方法有哪些？

答：压力容器内外部检验的检查方式有直观检查、量具检查和无损探伤检查。无损探伤检查又可分为射线探伤，超声波探伤和表面探伤三大类。表面探伤的方法较多，常用的有液体渗透探伤(即着色探伤)，荧光探伤和磁力探伤。

4. 压力容器在运行中发生哪些异常现象时，操作人员应作紧急停车处理？

答：压力容器在运行中发生以下异常现象时，操作人员应作紧急停车处理：

1）压力容器工作压力、介质的温度或壁温超过许用值，采取措施仍不能得到有效控制。

2）压力容器的主要受压元件发生裂缝、鼓包、变形、泄漏等危及安全的缺陷。

3）安全附件失效。

4）接管、坚固件损坏，难以保证安全运行。

5）压力容器液位失去控制，采取措施所不能得到有效控制。

6）压力容器与管道发生严重振动，危及安全运行。

5. 什么是塔？主要包括哪些部分？

答：塔是用来完成混合物分离的设备。主要包括以下几个部分：

1）塔体：包括筒体、端盖(主要是椭圆形封头)及连接法兰。

2）内件：指塔盘或填料及其支承装置。

3）支座：支撑塔体的底座，一般为裙式支座，即常说的裙座。

4）附件：包括人孔，进出料接管，各类仪表接管，液体和气体的分配装置，以及塔外的扶梯、平台、外保温等。

6. 塔类设备是如何分类的？

答：按塔内结构可分为板式塔和填料塔；按单元操作分为精馏塔、吸收塔、解吸塔、萃取塔、反应塔和干燥塔。

7. 塔的裙座高度是如何确定的？

答：塔的裙座高度应保证塔底产品抽出口与泵的进口管线的高度差大于塔底泵的汽蚀余量，避免塔底泵因发生汽蚀作用而损坏。

8. 塔盘主要由哪些部分组成？

答：塔盘主要由下面几部分组成：

1）塔板：其上面开有许多孔，安装浮阀、泡罩等，或者直接作为汽相通道。介质的传热和传质就在塔板上面进行。

2）降液管：上层液体通过降液管流到下层塔盘，是主要的液体通道。

3）溢流堰：包括进口堰和出口堰。进口堰主要是为了保持降液管的正常液体高度，保证传质的正常进行。

9. 塔设备为何要装塔盘？

答：塔设备装塔盘是给塔内气、液相介质提供充分传质传热的场所，增加气、液相在塔盘上的接触时间，从而达到更好地传质传热的目的。

10. 简述塔盘传热、传质过程？

答：塔内气、液两相充分接触时，高温气相中的重组分被与之接触的低温液相所冷凝并放热，其中液相中轻组分吸收其放出热量被汽化。结果使上升的气相被下降的液相冷却，使重组分不断冷凝。液相中轻组分不断汽化，在这一过程中气液相即进行了热量交换，也进行了质量交换。这就是传热、传质过程。

11. 塔板上气、液两相的接触状态有哪些？

答：塔板上气、液两相的接触状态有：

1）鼓泡接触状态：当气速较低时，气体以鼓泡形式通过液层。由于气泡的数量不多，形成的气、液混合物基本上以液体为主，气、液两相接触的表面积不大，传质效率很低。

2）蜂窝状接触状态：随着气速的增加，气泡的数量不断增加。当气泡的形成速度大于气泡的浮升速度时，气泡在液层中累积。气泡之间相互碰撞，形成各种多面体的大气泡，板上为以气体为主的气液混合物。由于气泡不易破裂，表面得不到更新，所以此种状态不利于传热和传质。

3）泡沫接触状态：当气速继续增加，气泡数量急剧增加，气泡不断发生碰撞和破裂，此时板上液体大部分以液膜的形式存在于气泡之间，形成一些直径较小，扰动十分剧烈的动态泡沫，在板上只能看到较薄的一层液体。由于泡沫接触状态的表面积大，并不断更新，为两相传热与传质提供了良好的条件，是一种较好的接触状态。

4）喷射接触状态：当气速继续增加，由于气体动能很大，把板上的液体向上喷成大小不等的液滴，直径较大的液滴受重力作用又落回到板上，直径较小的液滴被气体带走，形成液沫夹带。此时塔板上的气体为连续相，液体为分散相，两相传质的面积是液滴的外表面。由于液滴回到塔板上又被分散，这种液滴的反复形成和聚集，使传质面积大大增加，而且表面不断更新，有利于传质与传热进行，也是一种较好的接触状态。

12. 浮阀塔盘有什么特点？

答：浮阀塔盘具有如下特点：

1）浮阀塔盘自由截面积大，雾沫夹带小，所以处理能力比泡罩塔盘要大 20%～40%，但比筛板、舌型塔盘要小些。

2）浮阀开度随气速变化，液体流通面积可自动调节，所以操作范围宽、弹性大。

3）蒸汽从阀孔喷出以水平方向吹入液层，气液两相接触时间长，塔盘液面落差小，所以气相在液面分布均匀，塔板效率高。

4）塔盘压力降小，比泡罩塔小 30% 左右。

5）结构简单，安装检修方便。

13. 什么是填料？其作用是什么？

答：填料是一种提供传质表面的固体填充物。其作用就是要使气液两相能够达到良好接触，提高传质速率。

14. 填料分哪几类？

答：目前工业填料塔所使用填料种类很多，大致可分为实体填料和固体填料两大类。

15. 常用实体填料有哪些？

答：常见实体填料有：拉西环、鲍尔环、矩鞍形填料、波纹填料等。

16. 填料塔有哪些优缺点？

答：填料塔具有生产能力大，分离效率高，压降小，持液量小，操作弹性大等优点。填料塔也有一些不足之处，如填料造价高；当液体负荷较小时不能有效地润湿填料表面，使传质效率降低；不能直接用于有悬浮物或容易聚合的物料；对侧线进料和出料等复杂精馏不太适合等。

17. 从填料塔的结构上看，填料塔主要由哪几部分组成？

答：填料塔是塔设备的一种。塔内填充适当高度的填料，以增加两种流体间的接触表面。例如应用于气体吸收时，液体由塔的上部通过分布器进入，沿填料表面下降。气体则由塔的下部通过填料孔隙逆流而上，与液体密切接触而相互作用。结构较简单，检修较方便。广泛应用于气体吸收、蒸馏、萃取等操作。塔内件主要包括以下几个部分：液体分布装置、填料压紧装置、填料支撑装置、液体收集再分布及进出料装置、气体进料及分布装置、除沫装置。

18. 填料塔的内部结构与作用原理如何？

答：填料塔是以塔内的填料作为气液两相间接触构件的传质设备。填料塔的塔身是一直立式圆筒，底部装有填料支承板，填料以乱堆或整砌的方式放置在支承板上。填料的上方安装填料压板，以防被上升气流吹动。液体从塔顶经液体分布器喷淋到填料上，并沿填料表面流下。气体从塔底送入，经气体分布装置（小直径塔一般不设气体分布装置）分布后，与液体呈逆流连续通过填料层的空隙，在填料表面上，气液两相密切接触进行传质。填料塔属于连续接触式气液传质设备，两相组成沿塔高连续变化，在正常操作状态下，气相为连续相，液相为分散相。

当液体沿填料层向下流动时，有逐渐向塔壁集中的趋势，使得塔壁附近的液流量逐渐增大，这种现象称为壁流。壁流效应造成气液两相在填料层中分布不均，从而使传质效率下降。因此，当填料层较高时，需要进行分段，中间设置再分布装置。液体再分布装置包括液体收集器和液体再分布器两部分，上层填料流下的液体经液体收集器收集后，送到液体再分布器，经重新分布后喷淋到下层填料上。

19. 叙述板式塔的传质机理？

答：板式塔的传质机理如下所述：塔内液体依靠重力作用，由上层塔板的降液管流到下层塔板的受液盘，然后横向流过塔板，从另一侧的降液管流至下一层塔板。气体则在压力差的推动下，自下而上穿过各层塔板的气体通道（泡罩、筛孔或浮阀等），分散成小股气流，鼓泡通过各层塔板的液层。在塔板上，气液两相密切接触，进行热量和质量的交换。在板式塔中，气液两相逐级接触，两相的组成沿塔高呈阶梯式变化，在正常操作下，液相为连续相，气相为分散相。

20. 有降液管式塔盘的类型有哪些？

答：有降液管式塔板主要分为以下几种类型：泡罩塔板、筛孔式塔板、浮阀式塔板、喷射型塔板。

21. 板式塔塔板的主要部件有哪些？

答：塔板又称塔盘，是板式塔中气液两相接触传质的部位，决定塔的操作性能，通常主要由以下三部分组成：

气体通道：为保证气液两相充分接触，塔板上均匀地开有一定数量的通道供气体自下而上穿过板上的液层。

溢流堰：为保证气液两相在塔板上形成足够的相际传质表面，塔板上须保持一定深度的液层，为此，在塔板的出口端设置溢流堰。塔板上液层高度在很大程度上由堰高决定。对于大型塔板，为保证液流均布，还在塔板的进口端设置进口堰。

降液管：液体自上层塔板流至下层塔板的通道，也是气体与液体分离的部位。为此，降液管中必须有足够的空间，让液体有所需的停留时间。

22. 浮阀塔的特点有哪几方面？

答：浮阀塔的特点是在筛板塔基础上，在每个筛孔处安装一个可上下移动的阀片。当筛孔气速高时，阀片被顶起上升，空速低时，阀片因自身重而下降。阀片升降位置随气流量大小自动调节，从而使进入液层的气速基本稳定。又因气体在阀片下侧水平方向进入液层，既减少液沫夹带量，又延长气液接触时间，故收到很好的传质效果。

23. 和板式塔比，填料塔有哪些操作特点？

答：和板式塔比，填料塔的操作特点有：
1）传质效率与板式塔相差不显著，现在有些高效填料塔的传质效率甚至要比板式塔好。
2）填料塔的流体阻力要比板式塔小得多。
3）板式塔的操作弹性较大，但是填料塔在一定的液相负荷下，其气相负荷的操作弹性也很大。
4）从设备结构上看，板式塔比较复杂，填料塔简单，但当塔径较大时填料塔较笨重。
5）填料塔容易实现防腐措施，因此处理有腐蚀性的物料时可用填料塔。

24. 什么是物料平衡？

答：物料平衡是进行塔的工艺计算的基础。根据物质守恒定律，对于一个平衡体系，进入某个系统的各种物料总量，应该等于离开该系统的物料总量，这就是所谓的物料平衡。

25. 什么是精馏塔的负荷上限、下限？

答：精馏塔的负荷上限是从上升蒸汽以雾沫夹带不超过蒸汽量的10%为限制。下限是以塔板上液体的泄漏量不超过液体流量的10%为限制。

26. 什么是精馏塔操作特性？

答：上升气体速度的最小允许值(负荷下限)到最大允许值(负荷上限)之间的范围是精馏塔操作特性。

27. 塔的进料状态有哪几种？

答：塔的进料状态有五种：1)冷进料；2)泡点进料；3)气液混合进料；4)饱和蒸汽进料；5)过热蒸汽进料。

28. 什么叫回流比？回流比的大小对塔的操作有何影响？

答：1)精馏操作中，由精馏塔塔顶返回塔内的回流液流量 L 与塔顶产品流量 D 的比值，

即 $R = L/D$。回流比的大小，对精馏过程的分离效果和经济性有着重要的影响。

2）在精馏分离的整个过程中，回流比是精馏的核心，回流比是精馏设计和操作的重要参数。回流比的大小不仅影响所需的理论塔板数、塔径、塔板的结构尺寸，还影响加热蒸汽和冷却水的消耗量。回流比的选取范围是在最小回流比至无穷大之间。若选取的回流比太大，不仅使加热蒸汽及冷却水的消耗量增大，操作费增大，还可能影响塔径，使设备投资费用也增大。而且回流比太大使塔在操作时改变的难度加大，调节塔的分离能力的作用也大大减小。同时，回流比过小使达到分离效果的理论塔板数急剧增加，同样会导致设备投资费用增加。因此，无论从经济上考虑，还是操作上考虑，在精馏设计或操作时都应选取适宜的回流比。

29. 塔顶回流起什么作用？

答： 塔顶回流在于建立起精馏的必要条件和维持全塔的热量平衡，也就是说，它实际上起到两个作用。

1）提供了精馏段从塔顶到进料口的每一块塔盘上的液相回流，与逐板上升的汽相进行接触，创造了汽液两相之间传热传质的条件。

2）取走塔内过剩热量，维持塔内各点的热平衡。

30. 塔顶回流按温度分有几种形式？

答： 塔顶回流形式按温度分主要有冷回流、热回流和部分冷凝液相回流三种。

1）冷回流是将塔顶汽相馏出物在冷凝器中全部冷凝后在进一步冷却，使其冷到泡点温度以下成为过冷液体，用它作为塔顶回流。冷回流又称为过冷液相回流。

2）热回流是将塔顶汽相馏出物在冷凝器中全部冷凝到泡点温度（即全凝），用该饱和液体作为塔顶回流。热回流又成为饱和液相回流。

3）冷凝液相回流是将塔顶汽相馏出物在冷凝器中部分冷凝，将冷凝的凝液作为塔顶回流。这种回流必须设置一个汽液分离罐。

31. 什么是全回流？

答： 在精馏操作中，若塔顶上升蒸汽经冷凝后全部回流至塔内，这种操作方法称为全回流。全回流时的回流比 R 等于无穷大。此时塔顶产品抽出量为零，通常进料和塔底产品也为零，即既不进料也不从塔内取出产品。

32. 什么叫液泛？引发的原因是什么？

答： 在精馏塔中，由于各种原因造成液相堆积超过其所处空间范围，称为液泛。液泛可分为降液管液泛、雾沫夹带液泛等。

降液管液泛是指降液管内的液相堆积至上一层塔板。造成降液管液泛的原因主要有降液管底隙高度较低、液相流量过大等；雾沫夹带液泛是指塔板上开孔空间的气相流速达到一定速度，使得塔板上的液相伴随着上升的气相进入上一层塔板。造成雾沫夹带液泛的原因主要是气相速度过大；产生液泛时的操作状态称为液泛点。在设计精馏塔时，必须控制维持液泛率在一定的范围内以保证精馏塔的稳定运行。

降液管内液体倒流回上层板由于塔板对上升的气流有阻力，下层板上方的压力比上层板上方的压力大，降液管内泡沫液高度所相当的静压头能够克服这一压力差时，液体才能往下流。当液体流量不变而气体流量加大，下层板与上层板间的压力差亦随着增加，降液管内的液面随之升高。若气体流量加大到使得降液管内的液体升高到堰顶，管内的液体便不仅不能往下流，反面开始倒流回上层板，板上便开始积液；加以操作时不断有液体从塔外送入，最后会使全塔充满液体。就形成了液泛。若气体流量一定而液体流量加大，液体通过降液管的阻力增加，以及板上液层加厚，使板上下的压力差加大，都会使降液管内液面升高，从而导致液泛。过量液沫夹带到上层板气流夹带到上一层板的液沫，可使板上液层加厚，正常情况下，增加得并不明显。在一定液体流量之下，若气体流量增加到一定程度，液层的加厚便显著起来(板上液体量增多，气泡加多、加大)。气流通过加厚的液层所带出的液沫又进一步加多。这种过量液沫夹带使泡沫层顶与上一层板底的距离缩小，液沫夹带持续地有增无减，大液滴易直接喷射到上一层板，泡沫也可冒到上一层板，终至全塔被液体充满。

33. 什么是填料塔的液泛？其现象如何？如何防止其发生？

答：填料塔的液泛是填料塔内上升的气流对液流的阻力大到足以阻止液体下流，使液体充满填料层空隙，液相变为连续相，而气相变为分散相，并以鼓泡形式上升，从而使塔内液体返混合气体的液沫夹带现象严重，传质效果恶化，不能维持塔的正常生产。

填料塔液泛的现象是：填料层压降大大增加，传质效果差。对于脱硫装置再生塔来说可能会造成再生后贫胺液中 H_2S 含量增加甚至超标。

防止措施：在塔的设计负荷内操作；调节适当的气、液相负荷；防止溶剂发泡等。

34. 什么是塔板效率及影响因素？

答：理论塔板数与实际塔板数之比叫塔板效率，它的数值总是小于 1。

精馏塔在实际运行中，由于气液相传质阻力、混合、雾沫夹带等原因，气液相的组成与平衡状态有所偏离，所以在确定实际塔板数量时，应考虑塔板效率。系统物性、流体力学、操作条件和塔板结构参数等都对塔板效率有影响，塔板效率还不能精确地预测。

35. 什么叫理论塔板？

答：理论塔板，是指在其上气、液两相都充分混合且传热和传质过程阻力均为 0 的理想化塔板。

36. 控制好塔底液面的意义是什么？怎样调节？

答：1)塔底液面的稳定是保证精馏塔稳定平衡操作的重要条件。只有塔底液面稳定，才能保证塔底传热稳定，以及由此决定的塔底温度，塔内上升蒸汽量，塔底液面组成等的稳定，从而确保塔的正常操作。

2) 调节方法：①当压力不变的情况下，降低釜温就改变了塔底气液的平衡组成，底液量大，如果采出量不变也会使底液增多，出现这种情况应首先恢复釜底温度至正常。②进料量增大，底液排量应相对增大，否则液面会升高。③如果调节失灵，应改手动调节或旁路调节，同时联系仪表处理。④一般情况下，多采用釜液的排出量来控制。

37. 影响塔效率的因素有哪些？

答：影响塔效率的因素有：1) 混合物汽液两相的物理性质。

2) 精馏塔的结构。

3) 操作变量，主要有气速、回流比、温度和压力等。

38. 什么叫雾沫夹带？

答：塔内上升的蒸汽，穿过塔板上的液层鼓泡而出时，由于上升蒸汽有一定的动能，于是夹带一部分液体向上运动，当液体雾滴能克服气流动能时，则返回到塔板上，否则会被带到上一层塔板，这种现象称为雾沫夹带。

39. 什么叫"漏液"？

答：塔处理量太小时，塔内气速很低，液相在重力作用下，从阀孔下流而不与气相接触发生传质传热的现象，叫"漏液"。

40. 什么叫淹塔？

答：由于气、液相负荷过大，液体充满整个降液管，使上下塔盘的液体连成一体，塔传质传热效果完全遭到破坏，这种现象称为淹塔。

41. 什么是吸收率？

答：吸收率是指被吸收的溶质的量与气相中原有的溶质的量的比值。

42. 什么是脱吸？

答：脱吸或称解吸，是吸收的逆过程，即传质方向与吸收相反：溶质由液相向气相传递。其目的是为了分离吸收后的溶液，使溶剂再生，并得到回收后的溶质。

43. 操作温度对吸收过程有何影响？

答：在一定压力和气体的原始组成下，温度越低，溶剂吸收溶质能力越强，温度越高，溶剂吸收溶质能力越差，因此吸收溶剂进塔要求有较低温度，但是溶剂温度也不能太低，温度太低，会使溶剂黏度增大，也会降低吸收效果。

44. 随着气、液相负荷的变动，操作会出现哪些不正常的现象？

答：随着塔内气、液相负荷的变化，操作会出现以下不正常的现象：

1) 雾沫夹带：物沫夹带是指塔板上的液体被上升的气流以雾滴携带到上一层塔板，从而降低了塔板的效率而影响产品的分割。塔板的间距越大、液滴沉降时间增加雾沫夹带量可相应减少，与现场生产操作有关的是气体流速变化的影响，气体流速越大空塔气速均相应上升会使雾沫夹带的数量增加。除此之外雾沫夹带还与液体流量、气、液相黏度、密度、界面张力等物性有关。

2) 淹塔：淹塔是发生在塔内气、液相流量上升造成塔板压降随之升高，由于下层塔板上方压力提高，如果要正常地溢流，入口溢流管内液层高度也必然升高。当液层高度升到与上层塔板出口持平时，液体无法下流造成淹塔的现象。

3）漏液：塔板漏液的情况是在塔内气速过低的条件下产生的。浮阀、筛孔、网孔、浮喷等塔板当塔内气速过低板上液体就会通过升气孔向下一层塔板泄漏，导致塔板分离效率降低。漏液的现象往往会在开、停工低处理量操作时出现，有时也与塔板设计参数选择不当有关。

4）降液管超负荷及液层吹开：液体负荷太大而降液管面积太小，液体无法顺利地向下一层塔板溢流也会造成淹塔。液体流量太小，容易造成板上液层被吹开气体短路影响分离效果。这一现象生产操作时极少发生。

45. 液体阻力计算包括哪两类？

答：液体阻力计算包括直管阻力和局部阻力计算。

46. 溶液气液平衡关系包括哪几个方面？

答：溶液气液平衡关系包括：双组分理想溶液的气液平衡关系、沸点-组成图、气液平衡相图、挥发度和相对挥发度四个方面。

47. 热的传递是由什么引起的？

答：热传递是由于系统内或物体内温度不同而引起的。

48. 热是怎样传递的？

答：当无外功输入时，热总是自动地从温度较高的部分传给温度较低的部分，或是从温度较高的物体传给温度较低的物体。

49. 传热的基本方式有哪些？

答：传热是因存在温差而发生的热能的转移。传热基本方式有：热传导、对流传热、热辐射。

热传导，指在物质在无相对位移的情况下，物体内部具有不同温度或不同温度的物体直接接触时所发生的热能传递现象。

对流传热，又称热对流，是指由于流体的宏观运动而引起的流体各部分之间发生相对位移，冷热流体相互掺混所引起的热量传递过程。

热辐射，是一种物体用电磁辐射的形式把热能向外散发的传热方式。它不依赖任何外界条件而进行，是在真空中最为有效的传热方式。

50. 传热系数的物理意义是什么？

答：传热系数 K 的物理意义指流体在单位面积和单位时间内，温度每变化 $1℃$ 所传递的热量，即

$$K = Q/S\Delta t_m (W/m^2 \cdot ℃)$$

式中　Q——传热速率，W；

S——传热面积，m^2；

Δt_m——平均温差，℃。

51. 影响传热的因素有哪些？

答：影响传热的因素有：冷热液体的流速、温差、相对流动方向（逆流、顺流、错流）及传热介质的传热面积、热导性。

52. 什么是稳定传热？

答：在传热过程中，若参与传热两种流体的各部分温度不随时间变化而变化的传热，叫稳定传热，在正常的连续生产中，各换热器的传热都认为是稳定传热。

53. 影响空冷器冷凝效果的因素有哪些？

答：影响空冷器冷凝效果的因素有：环境温度及湿度、风机叶片角度、百叶窗开度、风扇台数、翅片换热面积、电机运转频率、管束中热介质分布状态。

54. 什么是热负荷？

答：热负荷是生产上要求流体温度变化而吸收或放出的热量。

55. 传热计算一般包括哪些计算？

答：传热计算一般包括换热器的热负荷计算、热载体的用量及其终温计算、平均传热温差的计算。

56. 换热器传热计算的基础是什么？

答：换热器传热计算的基础是热量衡算式和传热速率方程式。

57. 如何区别热负荷和传热速率？

答：热负荷是由工艺条件决定的，是对换热器换热能力的要求；而传热速率是换热器本身在一定操作条件下的换热能力，是换热器本身的特性。

58. 不同壁面传热系数有哪些？

答：通过平壁面的传热系数，通过圆筒壁面的传热系数、污垢热阻。

59. 传热面积的计算步骤通常有哪些？

答：传热面积的计算步骤，一是计算热负荷；二是计算冷热流体的平均传热温差；三是计算传热系数；四是计算换热面积。

60. 强化传热的途径有哪些？

答：强化传热的途径有增大传热面积，提高冷热流体间的平均温差和提高传热系数三条。

61. 提高传热系数的措施是什么？

答：提高传热系数的措施是提高给热系数，减少垢层热阻。

62. 减少热阻的具体措施有哪些？

答：减少热阻的具体措施一是增加流体流速；二是改变流动条件；三是在流体有相关的换热器中，应采用些积极的措施，尽量减少冷凝液膜的厚度；四是采用导热系数较大的流体作加热剂或冷却剂。

63. 逆流操作的目的是什么？

答：逆流操作的目的是提高冷热流体间的平均温差。

64. 热绝缘的目的是什么？

答：热绝缘的目的，一是减少热量损失，提高操作的经济效果；二是保持设备内所需要的高温或低温操作条件；三是维持正常的车间温度，保证良好的劳动条件。

65. 热绝缘的方法有哪些？

答：热绝缘的方法，一是夹层、夹套绝热；二是包裹、涂抹温度。

66. 影响换热器换热效果的因素有哪些，怎样提高换热器传热效率？

答：由传热速率方程式 $Q = KS\Delta t_m$ 可知影响换热器换热效果的主要因素有：传热系数 K、传热面积 S 和平均温差 Δt。

对于给定的换热器，由于传热面积 S 是一定的，因此，只有提高传热平均温差和传热系数才能提高传热效果。

（1）由于逆流平均温差较大，因此采用逆流操作有助于提高传热效率。
（2）流体流过时，流速大，对流传热系数大，使传热系数增加。
（3）降低结垢厚度，可以提高传热系数 K。

67. 哪些原因可导致传热效果差？

答：导致传热效果差的原因有：冷介质温度高或热介质温度低，外部环境温度变化较大，换热器出现堵塞或泄漏，介质流速过大或过小，换热板片结疤，水质浊度大，油污与微生物多，超过清洗间隔期，多板程对盲孔位置错位，设备内空气未放净。

68. 换热器的重要工艺指标有哪些？

答：换热器的好坏通常用总传热系数和压力降的大小来衡量。

1）总传热系数 K。

$$K = Q/S\Delta t_m \text{ 或 } Q = KS\Delta t_m$$

式中　Q——传热速率，W；

　　　S——传热面积，m^2；

Δt_m——平均温差，℃；

$\quad K$——总传热系数，$W/m^2 \cdot ℃$。

由此可见，在相同的传热面积和平均温差下，总传热系数 K 愈大，则传递的热量 Q 愈大，也就是说，在相同传热量、相同平均温差下，总传热系数 K 愈大，所需传热面积愈小，这样可以节约投资。

2）压力降。换热器的压力降是由两种损失造成，即流体流动时的摩擦损失和改变流向的损失，提高流体速度就能提高传热系数和减少传热面积，但是压力降增大。一般管程和壳程的压力降控制在 0.034~0.17MPa 之间为宜。

69. 换热器按其用途来分可分成哪些？

答：换热器按其用途可分为加热器、冷却器、冷凝器、蒸发器和再沸器五种。

70. 按照换热方式来分，换热器可分成哪几种？

答：换热器按照换热方式可分为：间壁式换热器、蓄热式换热器、混合式换热器三种。

71. 按照结构和材料来分，换热器可分成几类？

答：换热器按照结构可分为管式换热器、板式换热器；按照材料可分为金属换热器和非金属换热器。

72. 换热设备按传热原理如何分类？

答：换热设备按传热原理可分为以下几种：

1）表面式换热器。

表面式换热器是温度不同的两种流体在被壁面分开的空间里流动，通过壁面的导热和流体在壁表面对流，两种流体之间进行换热。表面式换热器有管壳式、套管式和其他形式的换热器。

2）蓄热式换热器。

蓄热式换热器通过固体物质构成的蓄热体，把热量从高温流体传递给低温流体，热介质先通过加热固体物质达到一定温度后，冷介质再通过固体物质被加热，使之达到热量传递的目的。蓄热式换热器有旋转式、阀门切换式等。

3）流体连接间接式换热器。

流体连接间接式换热器，是把两个表面式换热器由在其中循环的热载体连接起来的换热器，热载体在高温流体换热器和低温流体之间循环，在高温流体接受热量，在低温流体换热器把热量释放给低温流体。

4）直接接触式换热器。

直接接触式换热器是两种流体直接接触进行换热的设备，例如，冷水塔、气体冷凝器等。

5）复式换热器。

兼有气水面式间接换热及水水直接混流换热两种换热方式的设备。同气水面式间接换热相比，具有更高的换热效率；同气水直接混合换热相比具有较高的稳定性及较低的机组噪音。

73. 换热器管壳程介质如何确定？

答：换热器管壳程介质确定方法有：

1）不清洁流体走管程，以便清除。

2）流量小的流体或传热系统小的流体走管程。

3）有腐蚀性的介质走管程。

4）压强高的介质走管程。

5）较高温或较低温介质走管程。

74. 换热器壁面上结垢的原因一般有哪些？

答：换热器壁面上结垢的原因，一是由流体夹带进入换热器；二是因流体的温度降低而冷凝或形成的结晶；三是因液体受热使溶解物析出；四是流体对器壁有腐蚀作用而形成的腐蚀产物。

75. 影响换热速率的因素是什么？

答：从 $Q = K \cdot A \cdot \Delta t_m$ 可知，影响换热速率的因素主要有：

1）系数 K；2）面积 A；3）流体平均温差 Δt_m。

76. 套管换热器的主要优点是什么？

答：套管换热器的主要优点是结构简单，传热面积伸缩性大，可任意拆除或增添并联的组数或串联的程度，流速较高，传热系数大。

77. 列管式换热器根据热补偿方法不同，可分为哪三种形式？

答：1）固定管板式换热器；2）U 型管换热器；3）浮头式换热器。

78. 浮头式换热器有何特点？

答：浮头式换热器一端的管板固定在壳体与管箱之间，另一端的管板可以在壳体内自由移动，这种换热器壳体和管束的热膨胀是自由的，管束可以抽出，便于清洁管间和管内，但结构复杂，造价高，在运行中浮头处发生泄漏不易检查处理，适用于壳体和管束温差较大或壳程介质易结垢的条件。

79. 浮头式换热器有哪些优点？

答：浮头式换热器的优点有：

1）管束可以抽出，以方便清洗管、壳程。

2）介质间温差不受限制。

3）可在高温、高压下工作，一般温度小于等于 450℃，压力小于等于 6.4MPa。

4）可用于结垢比较严重的场合。

5）可用于管程易腐蚀场合。

80. 板式换热器有何使用特点？

答：板式换热器的使用特点有：传热效果好，结构紧凑，但操作压力低。

81. 什么是废热锅炉？

答：废热锅炉是指利用工业生产过程中的余热来生产蒸汽的锅炉。

82. 什么是重沸器？

答：重沸器用于使装置中冷凝了的液体再度加热，使其蒸发。通常有热虹吸式和釜式。重沸器多与分馏塔合用：重沸器是一个能够交换热量，同时有汽化空间的一种特殊换热器。在重沸器中的物料液位和分馏塔液位在同一高度。从塔底线提供液相进入到重沸器中。通常在重沸器中有 25%~30% 的液相被汽化。被汽化的两相流被送回到分馏塔中，返回塔中的气相组分向上通过塔盘（或填料），而液相组分掉回到塔底。物料在重沸器受热膨胀甚至汽化，密度变小，从而离开汽化空间，顺利返回到塔里，返回塔中的气液两相，气相向上通过塔盘（或填料），而液相会掉落到塔底。由于静压差的作用，塔底将会不断补充被蒸发掉的那部分液位。

83. 重沸器的作用是什么？

答：重沸器的作用是使精馏塔底液相重组分气化，气相向上流动，与从回流罐下来的轻组分液相在塔斑或填料层上进行多次部分气化和部分冷凝，从而使混合物达到高纯度的分离。

84. 简述换热器冷热介质的开停工顺序？

答：开工顺序：换热器先进冷介质，再缓慢进热介质。
停工顺序：与开工顺序相反。

85. 换热器日常检查的内容有哪些？

答：换热器日常检查的内容有：运行异声、压力、温度、流量、泄漏、介质、基础支架、保温层、振动、仪表灵敏度等。

86. 预膜的目的是什么？

答：预膜的目的是用预膜剂在洁净的金属表面上预先生成一层薄而密的保护膜，使设备在运行中不被腐蚀。

87. 换热器防腐的措施有哪些？

答：换热器防腐的措施有防腐涂层、金属保护层、电化学保护、防止应力腐蚀措施共四条。

88. 换热器管子产生振动的原因主要有哪两种？

答：换热器管子产生振动的原因一是外界微振源引起的振动，或通过支承构件或连接管道传来的振动，另一种是流体流动微振，包括横流激振和纵流激振。

89. 高温介质入口的热防护措施有哪些？

答：高温介质入口的热防护措施有：接管的热防护，在管板上涂敷耐火绝热层，合理安排介质流动方向，设置导流和防冲装置。

90. 对换热器的检修包括哪些工作程序？

答：换热器的检修工作程序有：检修前准备（方案、人员、机具、材料）；工艺退液清洗后盲板隔离；拆卸附属管线、保温、封头、管箱；抽出管束进行检查、清洗、修理；回装管束、封头和管箱，并对管束和壳体进行试压和试漏；拆除隔离盲板、恢复保温和管线。

91. 水垢怎样形成的？

答：水中的钙、镁离子通常是以酸或碳酸盐和硫酸盐的形式存在于水中，当水沸腾时，酸式碳酸盐被分解而生成不溶于水的碳酸盐，而自然沉积在设备及管道的表面，其中的硫酸盐则因温度升高使其溶解度降低而发生沉淀，这样便形成了水垢。

92. 水垢的清洗方法有哪些？

答：水垢的清洗方法有机械除垢和化学除垢两种。

93. 常见的防垢方法有哪几种？

答：常见的防垢方法有石灰软化法、离子交换法、加防垢剂、磁化水法、电渗析法五种。

94. 换热设备结垢产生的后果有哪些？

答：换热设备结垢产生的后果有：
1）使换热器传热阻力增加，传热量减少，迫使换热器的传热面积增加或能量的浪费；2）减少了流体的流通面积，导致输送动力的增加；3）造成传热量的降低，导致达不到工艺参数要求，直至生产非计划停工；4）增加大检修的清洗工作量，延长设备检修时间；5）导致管子垢下腐蚀穿孔，直接威胁生产的正常运行。

95. 对换热器进行清理的方法分哪几种？

答：清理换热器的方法有：机械除垢法、冲洗法、化学除垢法。

96. 化学除垢法在实际应用中有哪几种方法？

答：化学除垢法在实际应用中有浸泡法、喷淋法、强制循环法共三种。

97. 对换热器进行酸洗时应注意哪些事项？

答：对换热器进行酸洗时应注意的事项有：1）穿戴好防护用品，防止烧伤人体；2）酸洗现场实行安全挂牌，防止他人误入引进事故；3）酸洗前对整个装置进行检查，防止外漏或堵塞事故；4）废酸液应倒在指定的地方，最好用碱液中和后再排。

98. 换热器的试压工作包括哪些？

答：换热器的试压工作包括整体试压、单面试压、气密性试验三项内容。

99. 应从哪几个方面对换热器进行验收？

答：应从以下方面对换热器进行验收：1）金属试压合格后，连接出入口短管及阀门，装上各种控制仪表，连续运用24h，未发现任何问题即可交付生产；2）将设备的安装与检修记录和有关技术资料一并交付使用单位，存入设备管理档案；3）办理验收手续。

100. 什么是空冷器？

答：空气冷却器是以环境空气作为冷却介质，横掠翅片管外，使管内高温工艺流体得到冷却或冷凝的设备，简称"空冷器"，也称为"空气冷却式换热器"。空冷器也叫作翅片风机，常用它代替水冷式壳–管式换热器冷却介质，水资源短缺地区尤为突出。

101. 空冷器主要由哪几部分设备或部件构成？

答：空冷器主要由管束、风机、构架及百叶窗所组成。

102. 空冷器轴流风机日常维护保养工作有哪些？

答：空冷器轴流风机日常维护保养工作有：
1）检查风机各部的振动和声音情况，各部零件和地脚螺栓是否松动。
2）定期检查更换润滑脂。
3）定期检查皮带的松紧度，检查皮带的磨损程度，若有损坏及时更换。
4）检查风机电流是否异常。

103. 风机按工作原理分类包括哪些？

答：按工作原理，风机可分为叶片式风机和容积式风机。叶片式风机包括离心式和轴流式，容积式风机包括往复式和回转式。

104. 风机按产生的风压分为哪些？

答：风机按产生的风压分为：通风机，风压小于15kPa；鼓风机，风压为15～340kPa；压气机，风压在340kPa以上。通风机中最常用的是离心通风机及轴流通风机，按其压力大小又可分为：低压离心通风机，风压在1kPa以下；中压离心通风机：风压为1～3kPa；高压离心通风机：风压为3～15kPa；低压轴流通风机：风压在0.5kPa以下；高压轴流通风机：风压为0.5～5kPa。

105. 离心分离设备有哪些？

答：离心分离设备有：旋风分离器、旋液分离器、离心机。

106. 按分离方式不同，离心机分为哪几类？

答：按分离方式不同，离心机分为过滤式离心机、沉降式离心机、分离式离心机之类。

107. 离心机与旋风(液)分离器的主要区别是什么？

答：离心机与旋风(液)分离器的主要区别是：心机是设备本身的旋转产生的离心力；而旋风(液)分离器是由被分离的混合物以切线方向进入设备而引起的。

108. 惯性分离器的常见形式有哪些？

答：惯性分离器的常见形式有蒸发器、塔顶部的折流式除沫器、冲击式除沫器。

109. 袋滤器有哪几部分组成？

答：袋滤器由滤袋、骨架、壳体、清灰装置、灰斗、排灰阀共六部分组成。

110. 什么是泵？

答：泵是用来输送液体并直接给液体增加能量的一种机械设备。

111. 泵按工作原理分类包括哪些？

答：泵按工作原理分为以下几类：

1）动力式泵，又叫叶轮式泵或叶片式泵，依靠旋转的叶轮对液体的动力作用，把能量连续地传递给液体，使液体的动能(为主)和压力能增加，随后通过压出室将动能转换为压力能，又可分为离心泵、轴流泵、部分流泵和旋涡泵等。

2）容积式泵，依靠包容液体的密封工作空间容积的周期性变化，把能量周期性地传递给液体，使液体的压力增加至将液体强行排出，根据工作元件的运动形式又可分为往复泵和回转泵。

3）其他类型的泵，以其他形式传递能量。如射流泵依靠高速喷射的工作流体将需输送的流体吸入泵后混合，进行动量交换以传递能量；水锤泵利用制动时流动中的部分水被升到一定高度传递能量；电磁泵是使通电的液态金属在电磁力作用下产生流动而实现输送。

112. 泵按产生的压力分为哪些？

答：泵按产生的压力分为：低压泵，压力在 2MPa 以下；中压泵，压力在 2～6MPa 之间；高压泵，压力在 6MPa 以上。

113. 离心式泵与风机的工作原理是什么？

答：离心式泵与风机的工作原理是，叶轮高速旋转时产生的离心力使流体获得能量，即流体通过叶轮后，压能和动能都得到提高，从而能够被输送到高处或远处。离心式泵与风机最简单的结构形式所示。叶轮装在一个螺旋形的外壳内，当叶轮旋转时，流体轴向流入，然后转 90°进入叶轮流道从径向流出。叶轮连续旋转，在叶轮入口处不断形成真空，从而使流体连续不断地被泵与风机吸入和排出，如图 1-1 所示。

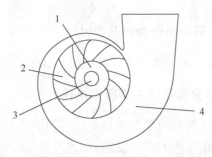

图 1-1　离心泵示意图

1—叶轮；2—叶片；3—集流器；4—蜗壳

114. 轴流式泵与风机的工作原理是什么？

答：轴流式泵与风机的工作原理是，旋转叶片的挤压推进力使流体获得能量，升高其压能和动能。叶轮安装在圆筒形（风机为圆锥形）泵壳内，当叶轮旋转时，流体轴向流入，在叶片叶道内获得能量后，沿轴向流出。轴流式泵与风机适用于大流量、低压力，化工工艺中常用作循环水泵及送引风机。

115. 往复泵工作原理是什么？

答：现以活塞式为例来说明其工作原理，如图所示。活塞泵主要由活塞 1 在泵缸 2 内作往复运动来吸入和排出液体。当活塞 1 开始自极左端位置向右移动时，工作室 3 的容积逐渐扩大，室内压力降低，流体顶开吸水阀 4，进入活塞 1 所让出的空间，直至活塞 1 移动到极右端为止，此过程为泵的吸水过程。当活塞 1 从右端开始向左端移动时，充满泵的流体受挤压，将吸水阀 4 关闭，并打开压水阀 5 而排出，此过程称为泵的压水过程。活塞不断往复运动，泵的吸水与压水过程就连续不断地交替进行。此泵适用于小流量、高压力，电厂中常用作加药泵，如图 1-2 所示。

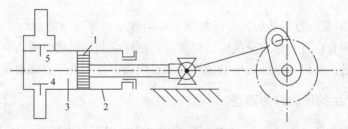

图 1-2　活塞泵示意图

1—活塞；2—泵缸；3—工作室；4—吸水阀；5—压水阀

116. 齿轮泵工作原理是什么？

答：齿轮泵具有一对互相啮合的齿轮，齿轮（主动轮）固定在主动轴上，轴的一端伸出壳外由原动机驱动，另一个齿轮（从动轮）装在另一个轴上，齿轮旋转时，液体沿进料口进入到吸入空间，沿上下壳壁被两个齿轮分别挤压到排出空间汇合（齿与齿啮合前），然后进入出料口排出，如图 1-3 所示。

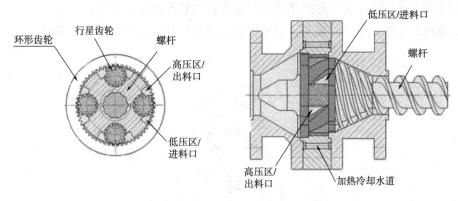

图 1-3 齿轮泵示意图

117. 喷射泵工作原理是什么？

答： 如图 1-4 所示，将高压的工作流体 7，由压力管送入工作喷嘴 6，经喷嘴后静压能转变成动能，将喷嘴外围的液体（或气体）带走。此时因喷嘴出口形成高速使扩散室 2 的喉部吸入室 5 造成真空，从而使被抽吸流体 8 不断进入与工作流体 7 混合，然后通过扩散室将压力稍升高输送出去。由于工作流体连续喷射，吸入室继续保持真空，于是得以不断地抽吸和排出流体。工作流体可以为高压蒸汽，也可为高压水，前者称为蒸汽喷射泵，后者称为射水抽气器。

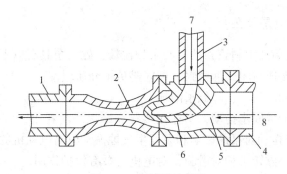

图 1-4 喷射泵示意图

1—排出管；2—扩散室；3—管子；4—吸入管；5—吸入室；6—喷嘴；7—工作流体；8—被抽吸流体

118. 水环式真空泵工作原理是什么？

答： 真空式气力输送系统中，要利用真空泵在管路中保持一定的真空度。有吸升式吸入管段的大型泵装置中，在启动时也常用真空泵抽气充水。常用的真空泵是水环式真空泵。水环式真空泵实际上是一种压气机，它抽取容器中的气体将其加压到高于大气压，从而能够克服排气阻力将气体排入大气。

水环式真空泵的构造简图如图 1-5 所示。有 12 个叶片的叶轮 1 偏心地装在圆柱形泵壳 2 内。泵内注入一定量的水。叶轮旋转时，将水甩至泵壳形成一个水环，环的内表面与叶轮轮毂相切。由于泵壳与叶轮不同心，右半轮毂与水环间的进气空间 4 逐渐扩大，从而形成真空，使气体经进气管 3 进入泵内进气空间 4。随后气体进入左半部，由于毂环之间容积被逐渐压缩而增高了压强，于是气体经排气空间 5 及排气管 6 被排至泵外。

真空泵在工作时应不断补充水，用来保证形成水环和带走摩擦引起的热量。

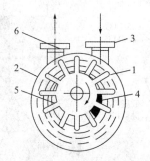

图 1-5　水环式真空泵

1—叶轮；2—泵壳；3—进气管；4—进气空间；5—排气空间；6—排气管

119. 磁力泵工作原理是什么?

答：将 n 对磁体(n 为偶数)按规律排列组装在磁力传动器的内、外磁转子上，使磁体部分相互组成完整耦合的磁力系统。当内、外两磁极处于异极相对，即两个磁极间的位移角 $\Phi = 0$，此时磁系统的磁能最低；当磁极转动到同极相对，即两个磁极间的位移角 $\Phi = 2\pi/n$，此时磁系统的磁能最大。去掉外力后，由于磁系统的磁极相互排斥，磁力将使磁体恢复到磁能最低的状态。于是磁体产生运动，带动磁转子旋转。

120. 磁力泵的优点是什么?

答：同使用机械密封或填料密封的离心泵相比较，磁力泵具有以下优点。

1）泵轴由动密封变成封闭式静密封，彻底避免了介质泄漏。

2）无须独立润滑和冷却水，降低了能耗。

3）由联轴器传动变成同步拖动，不存在接触和摩擦。功耗小、效率高，且具有阻尼减振作用，减少了电动机振动对泵的影响和泵发生气蚀振动时对电动机的影响。

4）过载时，内、外磁转子相对滑脱，对电机、泵有保护作用。

121. 与其他类型泵相比，离心泵有什么优缺点?

答：与其他各类泵相比，离心泵具有结构简单、体积小、质量轻、流量稳定、易于制造和便于维护等一系列优点。但离心泵对高黏度液体以及流量小、压力高的情况适用性较差，并且在通常情况下启动之前需先灌泵，这些是它的不足之处。

122. 简述离心泵的分类?

答：依使用要求不同，离心泵有不同的类型。按叶轮数目可分为单级泵和多级泵；按叶轮进液方式可分为单吸式和双吸式；按泵壳剖分形势可分为水平剖分泵和垂直与泵轴剖分泵；按泵壳的结构还可分为蜗壳式泵和透平式泵。此外，按泵扬程的大小分为低压泵(扬程小于 20m 水柱)、中压泵(20~160m 水柱)和高压泵(高于 160m 水柱)。按输送介质不同又分为清水泵、油泵以及耐腐蚀泵等。

123. 离心泵的主要参数有哪些？

答：离心泵的主要性能参数有转速、流量、扬程、功率和效率等。

1）转速：即离心泵叶轮的转速，以 r/min 表示。

2）流量：有泵的流量（即有效流量）和理论流量之分，大多采用容积流量 Q，单位为 m^3/s、m^3/min、m^3/h 或 L/s。有时也用质量流量 G 表示，单位为 kg/s、kg/min 和 t/h。

3）扬程：泵的扬程 H 为单位质量液体流过泵后的总能量的增值，或者做功元件对泵排出的单位质量液体所作的有效功。

4）功率：有有效功率 N_{eff}、内功率 N_i 和轴功率 N 之分。

有效功率 N_{eff} 是单位时间内泵排出口流出的液体从泵中取得的能量。

内功率 N_i（或水力功率）为单位时间内做功单元所给出的能量。

轴功率 N 是指单位时间内由原动机传递到泵主轴上的功。泵在工作时，难免有运动件之间的机械摩擦损失，另外还有轮阻损失。统称为机械损失功率 N_{mec}。轴功率就等于内功率和机械损失功率之和。即：

$$N = N_i + N_{mec}(kW)$$

5）效率：泵效率（总效率）η 为衡量泵工作是否经济的指标，定义为：

$\eta = N_{eff}/N$，即有效功率与轴功率的比值

除了以上所述，离心泵还有一个重要性能参数就是泵的允许吸上真空度（H_s）或允许汽蚀余量（$NPSH$），单位均以米液柱表示。

124. 离心泵有哪些主要部件？你认为哪些零件是易损件？

答：离心泵的主要部件包括：叶轮、密封环、吸入室、压出室、泵轴、轴承、轴封装置等。其中密封环、轴承、轴封装置相对其他部件更易损坏。

125. 什么叫轴封？轴封有什么作用？

答：轴封是旋转的泵轴和固定的泵体间的密封，主要是为了防止高压流体从泵中漏出和防止空气进入泵入。

离心泵常用的轴封有：橡胶密封、填料密封、机械密封和浮动环密封。

126. 泵为什么入口管线粗、出口管线细？

答：泵入口管线粗、出口管线细是因为泵主要靠压差来吸入液体。在管线直径相等的情况下，泵吸入能力小于排出能力，而当吸入的液体量小于排出液体时，泵便产生了抽空现象。入口管线适当粗一些，可以增加泵的吸入能力，减少泵入口的阻力，所以入口管线的内径总是大于出口管线的内径。

127. 为什么要在泵的出口管线上装单向阀？

答：在泵的出口管线上装一个单向阀，是为了防止泵因某种原因，出口阀未关，液体倒流，引起泵转子反转，造成转子上的螺母等零件的松动、脱落。单向阀的作用就是保证液体只向一个方向流动，不能倒回。

128. 离心泵的轴承起什么作用？哪些轴承可以承担轴向力？

答：离心泵轴承的作用是承担泵转子的径向及轴向载荷。向心推力滚动轴承以及滑动止推轴承均能承受轴向载荷。

129. 活塞的组件包括哪几部分？

答：活塞的组件包括活塞、活塞杆及活塞环。

130. 离心泵在启动前为什么要灌泵？

答：离心泵在启动前灌泵是为了防止离心泵产生"气缚"现象；因为离心泵一旦产生"气缚"现象就不能输送液体，无法正常工作。

131. 什么是离心泵汽蚀现象？

答：由于叶轮入口处压力等于或小于操作温度下被吸入液体的饱和蒸汽压时，会引起一部分液体蒸发(汽化)，蒸发后气泡进入压力较高的区域时，因受压气泡突然凝结，于是周围的液体就向此处补充，造成液体猛烈冲击，形成局部高压，不断打击叶轮的表面，使叶轮很快损坏这种现象，称为离心泵的汽蚀现象。

132. 轴密封泄漏标准？

答：机械密封泄漏标准：轻油介质泄漏≯10滴/分重油介质泄漏≯5滴/分。
软填料密封泄漏标准：轻油介质泄漏≯20滴/分重油介质泄漏≯10滴/分。

133. 泵轴承发热的原因有哪些？

答：泵轴承发热的原因有：1) 泵轴与电机轴不同心；2)润滑油变质或缺油；3)轴承磨损或损坏；4)冷却水不足；5)润滑油或润滑脂加得过多或过少。

134. 离心泵常见的密封形式？

答：离心泵常见的密封形式为机械密封、填料密封。

135. 机械密封是什么？

答：机械密封是一种旋转机械的轴封装置。机械密封又叫端面密封，是由至少一对垂直于旋转轴线的端面在流体压力和补偿机构弹力(或磁力)的作用以及辅助密封的配合下保持贴合并相对滑动而构成的防止流体泄漏的装置。由于传动轴贯穿在设备内外，这样，轴与设备之间存在一个圆周间隙，设备中的介质通过该间隙向外泄漏，如果设备内压力低于大气压，则空气向设备内泄漏，因此必须有一个阻止泄漏的轴封装置。轴封的种类很多，由于机械密封具有泄漏量少和寿命长等优点，所以当今世界上机械密封是在这些设备最主要的轴密封方式。

136. 机械密封由哪几部分组成？

答：机械密封主要由4个基本单元组成：密封单元、缓冲补偿单元、传动单元、辅助密封单元。

密封单元：由动环和静环组成的密封端面，这是机械密封的核心。

缓冲补偿单元：以弹簧为主要元件而组成的缓冲补偿机构，它是维持机械密封正常工作的重要条件。

传动单元：由轴套、键或固定销钉组成的传动机构，它是实现动环随轴一起旋转的可靠保证，也是实现动密封的前提条件。

辅助密封单元：由动环密封圈和静环密封圈等元件组成，它是解决密封端面之外的、有泄漏可能的部位之辅助性密封机构，是机械密封不可缺少的组成要素。

137. 机械密封的摩擦状态有几种？

答：普通机械密封是一种接触式密封，在力的作用下，动静环构成一对摩擦副。根据密封结构、介质性质和工作条件（压力、速度、温度等）的不同，密封端面的摩擦状态可分为流体摩擦、混合摩擦、边界摩擦、干摩擦以及半干摩擦。

138. 离心泵的机械密封起什么作用？

答：机械密封又称端面密封。是指两个光洁精密的平面在介质压力和外力（弹簧力）的作用下，相互紧贴，并做相互旋转运动而构成的动密封系统。其主要原理是将较易泄漏的轴向密封改变为较难泄漏的静密封和端面密封。

139. 和填料密封相比，机械密封有哪些优缺点？

答：机械密封的优点主要有以下几点：

1）基本上不漏或泄漏量小。据统计，填料密封的泄漏量为机械密封的 100 倍，石油部颁布的泄漏标准中规定：机械密封在输送重油时泄漏量≤5 滴/分；输送轻油时泄漏量≤10 滴/分。

2）摩擦系数小，因此功率消耗也小，机械密封的摩擦功率只有填料密封的摩擦功率的10%~50%。

3）正常情况下，机械密封材质好，不易损坏，从而使维修工作量减少，同时消除了填料密封对轴套的磨损。

4）能用于各种高参数泵的密封。如高温、高压、高真空、有毒、有腐蚀性的液体输送，并具有良好的密封效果。

机械密封的缺点是：

1）结构较复杂，制造和维修都比较麻烦。

2）造价较高，不十分经济。

140. 泵振动过大易对机械密封有什么影响？

答：泵振动过大，对密封的可靠性和适用寿命有很大的影响，其影响程度取决于振动的程度。

密封工作不稳定，有时两密封端面被推开，尤其是在平衡型密封中，泄漏量增大，缩短使用寿命。

机械杂质容易进入密封端面间，加剧磨损。

摩擦副痕迹大于密封面的宽度，泄漏量大。

加剧轴套与动环密封圈接触部位的相互磨损，降低了密封的使用寿命。

加剧传动座传动突耳和动环传动槽的磨损。

141. 离心泵机械密封在什么情况下要注入冲洗油？

答：对于输送有毒、强腐蚀介质、昂贵介质的离心泵，密封要求非常严格。当输送介质中含有固体颗粒或选用串联机械密封或双端面机械密封时，需注入冲洗油。冲洗油的主要作用有以下几点：即冲洗、冷却、润滑、密封 4 个作用。

142. 离心泵密封处泄漏的原因有哪些？

答：离心泵密封处泄漏的原因有：泵轴与电机对中不良或轴弯曲；轴承或密封环磨损过多形成转子偏心；填料过松；操作波动大；机封失效。

143. 离心泵机械密封对冲洗油有何要求？

答：离心泵机械密封对冲洗油有以下要求：

1）冲洗动环与静环摩擦之间的杂质。

2）防止泵所输送的高温油品进入密封腔内，并将动环与静环在工作时间因摩擦而产生的热量带走，降低密封元件的温度。延长密封的使用寿命。

3）保持密封端面之间有一层液膜存在起到润滑作用。

4）防止高温、有毒、有腐蚀性、易燃以及贵重介质从泵内漏出，防止含有颗粒的介质进入密封腔内磨损密封面，防止泵外的空气漏入泵从而起到密封作用。

5）冲洗油压力要比被密封的介质压力高 0.1~0.3MPa，冲洗油应为洁净、不含颗粒、不易蒸发汽化、不影响产品质量的无腐蚀性液体。冲洗油系统通常包括储罐以及起压力平衡、过滤、冷却等作用的辅助设备。

144. 离心泵启泵前不盘泵的危害？

答：较长时间不开的泵开之前如果不盘泵的话会产生启动电流过大而跳闸或启动困难的现象，可能会造成机械密封的石墨环断裂损坏。

145. 怎样判断离心泵的完好情况？

答：离心泵的完好情况为：1）正常，效能良好：压力、流量为额定的 90%；润滑系统畅通；运转无杂音、无明显泄漏；2）内部机件无异常磨损；3）主体整洁，附件齐全。

146. 如何预防摩擦与撞击？

答：机器中轴承等转动部分的摩擦、铁器的相互撞击或铁器工具打击混凝土地面等，都可能产生火花，当管道或铁容器裂开，物料喷出时，也可能因摩擦而起火。

1）轴承应保持良好的润滑，并经常清除周围的可燃油垢。

2）凡是撞击的部分，应采用两种不同的金属制成，例如黑色金属与有色金属。

3）不准穿带钉子的鞋进入易燃易爆区。不能随意抛掷、撞击金属设备、管线。

147. 什么叫气缚与气蚀?

答： 气缚：离心泵在启动前，若排气不净，泵体内就存在气体，由于空气的密度远小于液体的密度，泵内产生的离心力就很小，液体难以流入泵内而不能输送正常的流量和扬程，这种由于泵内存在气体而不能输送液体的现象称为气缚。

气蚀：当离心泵的扬程高至某一限度，泵进口压力降到等于泵送液体温度下的饱和蒸汽压时，在泵的进口处，液体就会沸腾，大量汽化；或者离心泵输送的介质在某一压力下由于温度过高大量汽化。液体汽化产生的大量气泡进入泵的出口高压区时，气泡在高压的作用下，迅速凝结或破裂，瞬间内周围的液体即以极高的速度冲向原气泡占据的空间，对叶片和泵体形成冲蚀，泵体因受冲压而发生振动并发出噪声，会使流量、扬程显著下降，这种现象称为气蚀。

148. 如何正确启动离心泵?

答： 离心泵启动方法是：

1）确认入口阀门全开、出口阀门关闭；确认各密闭排放线流程关闭，盲板为关位；确认压力表、温度计已投用；确认各阀门完好；确认冷却水投用；确认机封压力正常；确认接地良好。

2）灌泵、排气、盘车、送电。

3）按启动电钮启动机泵。密切监视电流指示和泵出口压力指示的变化；检查打封油的情况和端面密封的泄漏情况，察听机泵的运转声音是否正常，检查机泵的振动情况和各运转点的温度上升情况，若发现电流超负荷或机泵有杂音不正常，应立即停泵查找原因。

4）若启动正常（所谓正常，即启动后，电流指针超程后很快下来，泵出口压力不低于正常操作压力，无晃量抽空现即可缓慢均匀地打开泵出口阀门，并同时密切监视电流指示和泵出口压力指示的变化情况，当电流指示值随着出口阀的逐渐开大而逐渐上升后，说明量已打出去。当泵出口阀打开到一定开度，继续开大后电流不再上升时，说明调节阀起作用，继续提量应用二次表遥控进一步开大调节阀。

149. 离心泵如何正常停运?

答： 停运离心泵的方法是：

1）先关闭泵出口阀门，然后按停机按钮停机（对于附带空间加热器的机泵，停机后及时启动空间加热器），视情况关闭入口阀门（如泵不检修，则不必关闭）。

2）停泵后，泵体温度降至常温后停冷却水（冬季可保持小量水流，以防冻坏设备）。

3）热油泵停运后，可适当调小冷却水而不应停止冷却，打开泵预热线阀门，使之处于热备用状态，应防止预热量太大引起泵倒转。若泵需解体检修，则应关闭入口阀，适当打开泵出入口管线的联通线阀，停止泵体预热，冷却后待修，但应经常检查泵体的冷却速度，判断出入口阀门是否关严。

4）刚停泵后，应注意电机温度的回升（特别是较大电机或夏季），必要时可用压缩风胶带吹机冷却。

5）停泵后 1h，应盘车一次。

150. 离心泵能量损失有哪些形式?

答：离心泵能量损失分为容积损失；水力损失；机械损失。

151. 机泵定期切换的目的是什么?

答：机泵定期切换的目的是保证电机的绝缘度；保证机泵保持良好的备用状态。

152. 机泵的润滑油(脂)的作用主要有哪些?

答：机泵的润滑油(脂)的作用主要有润滑、冷却、密封、冲洗、减振、保护、卸荷等。

153. 润滑油使用有哪些规定?

答：润滑油、燃料油要进行"三过滤、一沉淀"；润滑油要做到密封过滤、密封输送、密封加注，做到定期监测，按质换油。

154. 什么是润滑油三级过滤?

答：润滑油三级过滤，是为了减少油中的杂质含量，防止尘屑等杂质随油进入设备而采取的措施，包括入库过滤，发放过滤和加油过滤。1)入库过滤油液经运输入库泵入油罐储存时要经过过滤。2)发放过滤油液发放注入润滑容器时要经过过滤。3)加油过滤油液加入设备储油部位时要经过过滤。

三级过滤所用滤网要符合下列规定：1)汽缸油、齿轮油或其他黏度相近的油品所用滤网：一级60目、二级80目、三级100目。2)透平油、冷冻机油、空气压缩机油、全损耗系统用油、车用机油或其他黏度相近的油品所用滤网：一级80目、二级100目、三级120目。3)如有特殊要求，应按特殊规定执行。

155. 设备润滑"五定"的内容是什么?

答：设备润滑"五定"的内容是：定点：规定润滑部位、名称及加油点数；定质：规定每个加油点润滑油脂牌号；定时：规定加、换油时间；定量：规定每次加、换油数量；定人：规定每个加、换油点的负责人。

156. 按质换油的含义是什么? 润滑油主要常用指标有哪些?

答：按质换油的含义是：掌握和控制油品在使用设备中的状态，依据化验结果更换油品。

润滑油常用指标有：黏度，油性，酸值，倾点、凝点，密度，防锈性，水分，机械杂质，抗乳化性，抗泡性，闪点，残炭，腐蚀性，抗磨性、氧化安定性。

157. 润滑油存放的原则是什么?

答：润滑油存放的原则是专罐、专储、密闭输送、标记清楚。

158. 润滑脂保存应注意什么?

答：润滑脂保存应注意：防止高温暴晒，使油质变质；防止混入水分乳化变质；注意密封，防止混入尘土和其他杂质；油质标记清楚。

159. 设备的"四懂三会"是什么？

答：设备的"四懂三会"是：懂原理、构造、用途、性能；会操作、维护、排除故障。

160. 设备保养的十字作业内容是什么？

答：设备保养的十字作业内容是：清洁、润滑、调整、紧固、防腐。

161. 拆卸人孔要注意什么？

答：塔、容器等设备用蒸汽蒸塔吹扫后，温度要降至50℃以下方可拆卸人孔。人孔盖应从上而下拆卸，严防超温或自下而上拆卸，以防自燃着火爆炸、烫伤及其他事故发生。

162. 哪些设备、管线、阀门等需要保温？

答：以下设备、管线、阀门等需要保温：
1）外表面温度大于50℃以及根据需要要求外表面温度小于或等于50℃的设备和管道。
2）介质凝固点高于环境温度的设备和管道。
3）表面温度超过60℃的不保温设备和管道，需要经常维护又无法采用其他措施防止烫伤的部位应在下列范围内设置防烫伤保温：①距离地面或工作平台的高度小于2m；②靠近操作平台距离小于0.75m。

163. 设备诊断技术主要应用领域包括检测哪些内容？

答：设备诊断技术主要应用领域包括检测振动、磨损、温度、泄漏、缺陷。

164. 常用设备零件修复技术有哪些？

答：常用设备零件修复技术有：焊接、刷镀、喷涂、粘涂、粘接。

165. 塔体试压后在泄压时，为什么要顶放空底排凝同时进行？

答：塔体一般用蒸汽试压，试压后塔体内压力高，在泄压时如果只开底排凝阀，此时塔盘将承受自上而下的强大压力，容易使塔盘变形，甚至塌塔。相反，如果只是塔顶放空，塔盘将承受自下而上的压差，同样使塔盘变形，浮阀吹掉。如果顶放空，底排凝同时进行，塔盘所承受的压力可以大大减轻，这样塔盘是不会变形，塔内附件不会损坏。

166. 装置在试压过程中要注意什么？

答：装置在试压过程中要注意：
1）按照试压范围改好流程，不遗漏，不窜压。
2）按照规定的介质和压力试压。
3）仪表引线、液面计应与主体设备一起试压。
4）检查要全面，包括焊缝、盘根、垫片、仪表等，并且做好详细的试压记录。
5）整改彻底，不得把问题留到开工后处理。
6）试压完后设备要泄压。

167. 为什么要对设备进行气密性试验？

答：气密性试验是检查设备致密性的重要手段，目的就是消除在试压中难以发现的微小渗漏，防止在装置开工中发生硫化氢、二氧化硫、烃类等易爆有害气体的泄漏，以及氧气进入系统。

168. 火炬分液罐作用是什么？

答：火炬分液罐作用如下：
1）装置排放物在分液罐进行气液分离，其中气体排至火炬燃烧，液体由泵送至污油罐。
2）防止火炬燃烧物带液燃烧出现下火雨现象。

169. 软化水与除盐水有何区别？

答：软化水是指将水中硬度（主要指水中钙、镁离子）去除或降低一定程度的水。水在软化过程中，仅硬度降低，而总含盐量不变。

除盐水是指水中盐类（主要是溶于水的强电解质）除去或降低到一定程度的水。其电导率一般为 $1.0 \sim 10.0 \mu S/cm$。

170. 热力除氧的原理是什么？

答：热力除氧是以加热的方式除去水中溶解氧及其他气体的方法。即将蒸汽通入除氧器内，把水加热到沸腾温度，使溶于水中的气体解析出来，随余汽排出。

171. 锅炉用水制取与水的软化有什么不同？

答：水的软化主要是降低水中的硬度，仅需将水中的钙、镁离子去除到一定程度，因此，它可以仅用阳离子交换树脂进行交换，且可以使用盐型树脂，而锅炉用水制取则不同，它必须将水中的阴、阳离子都去除到一定的程度，因此，它必须同时使用阴、阳离子交换树脂，而且必须使用游离酸（碱）型树脂，不能使用盐型树脂。

172. 锅炉用水水质不良对锅炉有什么危害？

答：锅炉用水水质不良对锅炉的危害有：1）产生锅炉结垢；2）引起锅炉腐蚀；3）影响蒸汽品质。

173. 何为锅炉结垢？结垢对锅炉有何危害？

答：当锅炉给水不良，尤其是给水中存在硬度物质，又未进行合适的处理时，在锅炉与水接触的受热面上会生成一些导热性很差且坚硬的固体附着物，这种现象称为结垢，这些固体附着物称为水垢。由于水垢的导热性比金属差几百倍，因此其生成后对锅炉的运行会带来很大的危害。例如：易引起金属局部过热而变形，进而产生鼓包、爆管等事故，影响锅炉安全运行；堵塞管道，破坏水循环；影响传热，降低锅炉蒸发能力，浪费燃料；产生垢下腐蚀，缩短锅炉使用寿命等。

174. 何为锅炉腐蚀？锅炉腐蚀对锅炉有何危害？

答： 锅炉水质不良会引起金属的腐蚀，使金属构件变薄、凹陷，甚至穿孔。更为严重的是，某些腐蚀会使金属内部结构遭到破坏，强度显著降低，以至于在人们毫无察觉的情况下，被腐蚀的受压元件承受不了原设计的压力而发生恶性事故。锅炉金属的腐蚀不仅会缩短设备本身的使用期限，而且由于金属腐蚀产物转入水中，增加了水中杂质从而加剧了高热负荷受热面上的结垢过程，又会促进垢下腐蚀，这样的恶性循环也会导致锅炉爆管等事故的发生。

175. 水中的溶解物质对锅炉会有哪些影响？

答： 溶解物质是指颗粒直径小于 10^{-6}mm 的微粒，由于极其细微，人的肉眼已无法观察到。水中一般含有钙离子（Ca^{2+}）、镁离子（Mg^{2+}）、碳酸氢根（HCO_3^-）、碳酸根（CO_3^{2-}）、亚铁离子（Fe^{2+}）、铁离子（Fe^{3+}）、氯离子（Cl^-）、硫酸根离子（SO_4^{2-}）、硅酸（H_4SiO_4）等。

1）钙、镁离子是天然水中的主要阳离子，几乎存在于所有的天然水中，通常人们将钙、镁离子在水中的含量称为"硬度"。由于水中的硬度是引起锅炉结垢的最主要因素，因此，锅炉水处理的首要任务就是除去硬度，以防止结垢。不同的锅炉，应根据锅炉对给水的硬度要求，选择合适的处理方法。

2）碳酸氢根和碳酸根都是水中碱度的主要组成部分。由于碱度物质能促使锅水中的钙镁离子形成水渣，然后通过排污除去，起到一定的防垢作用，因此，低压锅炉要求在锅水中保持一定的碱度。但如果锅水中碱度过高，不但会严重影响蒸汽品质，而且对压力较高的锅炉还易引起碱性腐蚀。

3）铁的化合物是常见的矿物质，所以铁也是天然水中常见的杂质。Fe^{3+} 是一种较强的去极化剂，会加速锅炉的电化学腐蚀。同时，当锅水中含铁量较高时，还易在热负荷较高的受热面上产生氧化铁垢，影响锅炉的传热。

4）少量的氯化物对锅炉没什么危害，但由于 Cl^- 是一种活化离子，在一定的条件下会破坏金属表面的保护膜，加速腐蚀的进行，因此锅水中的 Cl^- 含量不宜过高。

5）水中硅酸的含量通常以 SiO_2 表示，故又称为可溶性二氧化硅。一般地下水硅含量比地表水要高。硅化物的溶解度随着温度的升高而降低，在高温受热面上易生成导热系数非常小，且极坚硬的硅酸盐水垢。对中、高压锅炉来说，如锅水中硅含量过高，还易在蒸汽中携带硅酸盐，并会在过热器及汽轮机叶片等热力系统中形成非常难以清除的沉积物，影响热力设备的正常运行。

176. 锅炉水处理的目的与要求及锅炉用水的分类？

答： 锅炉水处理的目的就是：除去对锅炉有危害的杂质，防止锅炉结垢和腐蚀，保持蒸汽品质良好，保证锅炉安全经济运行。

在水处理工艺中，把含有硬度的水称为硬水。把经钠离子交换软化处理后，除去了硬度的水称为软水。把经过阳、阴离子交换处理后，除去了盐类物质的水称为除盐水。

177. 简述锅炉腐蚀的影响因素及其控制方法。

答： 锅炉腐蚀的影响因素及其控制方法有：

1）溶解氧：氧是一种阴极去极化剂，是锅炉金属发生电化学腐蚀的主要因素。在一般条件下，氧的浓度越大，金属的腐蚀越严重。对于具有除氧设备的锅炉，应保证除氧设备正常运行。

2）pH 值：水的 pH 值对金属的腐蚀影响极大。锅水的 pH 值过低（<8）或过高（>13）都会破坏金属表面的保护膜，加速氧腐蚀，并有引起酸腐蚀或碱腐蚀的可能。pH 值低，就意味着 H^+ 浓度大，它不但会破坏保护膜，而且它本身是一种去极化剂，所以在酸性介质中，金属易发生氢去极化腐蚀。当锅水保持合适的 pH 值（一般为 10~12）时，将有助于金属表面形成保护膜，减缓腐蚀。

3）水中盐类的组成：水的含盐量越高，腐蚀速度越快，因为水的含盐量越高，水的电导率就越大，腐蚀电池的电流也就越大，然而盐类中不同的离子对腐蚀的影响却有很大差别。如锅水中含有 PO_4^{3-} 和 CO_3^{2-} 时，能在金属表面生成难溶的磷酸铁和碳酸铁保护膜，从而使阳极钝化，减缓腐蚀。但如果水中含 Cl^- 时，由于 Cl^- 容易被金属表面所吸附，并置换氧化膜中的氧元素，形成可溶性的氯化物，即破坏金属氧化保护膜，加速金属的腐蚀过程。因此，在锅水中维持一定的 PO_4^{3-} 或 CO_3^{2-} 含量，不但可防止结垢，也有利于防腐。锅炉停炉时，若采用湿法保护，应避免直接留用含盐量较高的锅水，以免加速电化学腐蚀。

178. 影响除氧器除氧效果的因素有哪些？

答： 影响除氧器除氧效果的因素有：1）水需加热至沸点：为了确保除氧器内的水处于沸腾状态，运行中需注意气量和水量的调节，若进气量不足，则水温低于沸点，溶解氧升高，若进气量过多，气压过高，则会引起水击。

2）送入的补给水量应尽量稳定：补给水量应连续均匀地加入，不宜间断送入或变化太大；此外，锅炉运行中应尽量回收凝结水，因为回水温度高，含氧量少。

3）排气阀开度应合适：太小除氧效果不好，太大则造成热能损失。一般运行中排气管应有轻微的蒸汽冒出，排气量控制在总进气量的 5%~10%。

179. 锅炉结垢的原因有哪些？

答： 锅炉结垢，首先是因为给水中含有钙镁硬度，或者铁离子、硅含量过高；其次是由于锅炉的高温高压特殊条件所造成。水垢形成的主要原因如下：

1）受热分解：在高温高压下，原来溶于水的某些钙、镁盐类（如碳酸氢盐）受热分解，变为难溶物质而析出沉淀（如碳酸盐）。

2）溶解度降低：在高温高压下，有些盐类（如硫酸钙、硅酸盐等）物质的溶解度随温度升高而大大降低，达到一定程度后，便会析出沉淀。

3）水的蒸发、浓缩：在高温高压下，由于锅水不断蒸发浓缩，水中盐类物质的浓度随之不断增大，当达到过饱和时，就会在蒸发面上析出沉淀。

4）相互反应及转化：给水中原来溶解度较大的盐类，在锅炉运行状况下与其他盐类相互反应，生成了难溶的沉淀物质，如果反应在受热面上进行，就直接形成了水垢；如反应是在锅水中进行，则形成水渣，而水渣中有些是具有黏性的，由于未被及时排污除去，也能转化成水垢。

180. 如何防止锅炉结垢？

答：防止锅炉结生水垢，保证锅炉安全经济运行，应做好以下几方面工作：

1）加强锅炉的给水处理，保证给水品质符合国家标准。

2）及时做好锅炉的加药、排污工作，保证锅水品质符合国家标准。

3）加强锅炉的运行管理，防止锅炉汽水系统的腐蚀，减少给水中含铁量，以确保锅炉在无垢、无沉积物下运行。

181. 简述锅炉汽水共腾现象、原因及其危害。

答：1）蒸汽锅炉的蒸发面上汽水分离不清，锅水水滴被蒸汽大量带走，以至蒸汽品质极度恶化的现象，称为汽水共腾。

2）发生汽水共腾的水质原因主要是：锅水中含盐量或碱度过高，当超过一定值后，在汽水分界面处形成大量泡沫，使蒸发面成了蒸汽和泡沫的混合体，造成蒸汽大量带水。一般，当炉水含有油脂、有机物或炉水碱度过高、水渣较多时，更容易发生汽水共腾。

3）汽水共腾的危害主要有：使蒸汽中的含盐量急剧增加，不但会在用气设备中产生沉积，影响传热，损坏设备，而且会显著影响生产的产品质量；从锅炉本身来说，产生大量的泡沫或汽水共腾时，会使锅炉水位计内的水位剧烈波动，甚至看不清水位或造成假水位；蒸汽管内产生水击现象，从而影响锅炉的安全运行。

182. 饱和蒸汽有哪些污染现象，其原因是什么？

答：饱和蒸汽的污染现象及其原因有：

1）蒸汽带水：从汽包送出的饱和蒸汽中常夹带一些锅水的水滴，这是饱和蒸汽被污染的原因之一。在这种情况下，锅水中的各种杂质，如钠盐、硅化合物等，都将以水溶液的状态被带进蒸汽中，这种现象称为饱和蒸汽的水滴携带（也称机械携带）。

2）蒸汽溶解杂质：蒸汽也有溶解某些物质的能力，这是蒸汽被污染的另一原因。蒸汽压力越高，其溶解能力越大。例如，压力为 2.94~3.92MPa 的饱和蒸汽，有明显的溶解硅酸的能力，压力更高的饱和蒸汽对硅酸的溶解能力更大。饱和蒸汽因溶解而携带水中的某些杂质的现象，称为蒸汽的溶解携带。

183. 如何防止过热蒸汽污染？

答：当过热蒸汽减温器运行正常时，过热蒸汽的品质取决于由汽包送出的饱和蒸汽的品质，所以要使过热蒸汽品质好，关键在于保证饱和蒸汽的品质。但如果汽包送出的饱和蒸汽在减温器中受到污染，则热蒸汽的品质仍然会不良。所以，防止过热蒸汽的污染，应以保证减温水水质或者防止减温器泄漏为主要措施。

184. 设备在动火前为什么要做爆炸气的分析？

答：由于装置的原料气和产品都是易燃易爆物质，在停工时虽然经过吹扫，但总免不了会有死角，残存下有毒和可燃物质，为了保证工作人员的安全，保护设备，就必须对爆炸气体进行分析。

185. 新砌好的炉子为什么要烘炉？烘炉时为什么要按烘炉曲线升温？

答：烘炉是为了除去炉墙中的水分，并使耐火浇注料和耐火砖得到充分烧结，以免在炉膛升温时水分急剧汽化及耐火砖受热急剧膨胀，而造成开裂或倒塌。

烘炉曲线是由耐火砖和耐火烧注料生产厂家根据材料特性确定的升温曲线，若温度升得太快，炉体砌筑处就会出现明显的裂缝，若温度升得太慢，既浪费时间又增加燃料的消耗，因此烘炉时一定要按烘炉曲线升温。

186. 装置停工检修前为什么必须对酸性气、瓦斯、氢气管线进行吹扫？

答：装置停工后，酸性气、瓦斯、氢气管线中尚有残余的硫化氢、烃和氢气等，它们是易燃易爆、有毒的气体，不把它们吹扫干净，在检修动火时就会发生着火、爆炸或中毒事故，所以停工检修时必须对酸性气、瓦斯和氢气管线进行吹扫。

第四节　仪表专业基础知识

1. 仪表的零点、跨度、量度是指什么？

答：仪表的零点是指仪表测量范围的下限（即仪表在其特定精度下所能测出的最小值）。量程是指仪表的测量范围，跨度是指测量范围的上限与下限之差。

如果一台仪表测量范围是200~300℃，则它的零点就是200℃，量程是200~300℃、跨度是100℃。

2. 什么是仪表的误差和精度？

答：仪表的误差是指在实际测量过程中，由于测量仪表本身性能、安装使用环境、测量方法及操作人员疏忽等主客观因素的影响，使得测量结果与被测量的真实值之间存在一些偏差，这个偏差就称为测量误差。

仪表精度是表征仪表对被测量值的测量结果（示值）与被测量的真值的一致程度。

3. 仪表的精度级是如何确定的？

答：按国家标准规定，其仪表出厂时应达到的仪表允许误差值，一般将该仪表的允许误差的"±"及"%"去掉后的数值称为仪表的精度级。

4. 常用的测温仪表有哪几类？

答：温度测量仪表按其测量方法可分为两大类：1）接触式测温仪表。主要有：膨胀式温度计、热电阻温度计和热电偶温度计等；2）非接触式测量仪表。主要有：光学高温计、全辐射式高温计和光电高温计。

5. 热电偶测温度的原理是什么？

答：热电偶测量温度的基本原理是基于两种不同成分的导体连接处所产生的热电现象。

取两根不同材料的金属导线 A 和 B，将其两端焊在一起，这样就组成一个闭合回路。如将其一端加热，也就是说，使其一个接点处的温度 t 高于另一个接点处的温度 t_0。那么，在此闭合回路中就有热电势产生。当 A、B 材料固定后，热电势是温度 t 和 t_0 的函数之差。如果一端温度 t_0 保持不变，则热电势就成为温度 t 的单值函数，而和热电偶的长短及直径无关。这样，只要测出热电势的大小，就能判断测温点温度的高低，这就是利用热电现象来测量温度的原理。

6. 热电阻测温度的原理是什么？

答：热电阻温度计是利用金属导体的电阻值随温度的变化而改变的特性来测量温度的。热电阻的电阻值与温度的关系，一般可用下式表示：

$$R = R_0 \left[1 + \alpha \left(t - t_0 \right) \right]$$

或
$$\Delta R = \alpha R_0 \Delta t$$

式中　R_0——温度为 t_0（通常为 0℃）时的电阻值；

　　　α——电阻温度系数；

　　　Δt——温度的变化；

　　　ΔR——电阻值的变化。

可见，由于温度的变化，导致了金属导体电阻的变化。实验表明，大多数金属在温度升高 1℃ 时，电阻值增加 0.46%~0.6%。设法测出电阻值的变化，就可达到温度测量的目的。

7. 常用的热电偶、分度号及其测量范围是什么？

答：常用的热电偶及其测温范围如下：

铂铑 30-铂铑 6：分度号 B，0~1600℃（瞬间可用到 1800℃）

铂铑 10-铂：分度号 S，0~1300℃（1600℃）

镍铬-镍硅：分度号 K，−200~1200℃（1300℃）

镍-康铜：分度号 E，−200~750℃（900℃）

铜-康铜：分度号 T，−200~350℃（400℃）

8. 什么叫铠装热电偶？其有何优点？

答：铠装热电偶是把热偶丝、绝缘材料和金属套管三者加工在一起的坚实缆状组合体，它的优点：1）径可以做得很细，因此时间常数小，反应速度快；2）有良好的机械性能，可耐强烈的冲击和振动；3）以任意弯曲，适应复杂结构装置的要求；4）电偶受金属管和绝缘材料的覆盖，不易受有害介质侵蚀，因此寿命长；5）入深度可根据需要任意选用，若测量端损坏，可将损坏部分截去，重新焊接后可继续使用；6）易制作多点式热电偶、炉管表面热电偶、微型热电偶等；7）可作为测温元件装入普通热偶保护套管内使用。根据测量端形式，一般可分露端型、接壳型、绝缘型和变径型。

9. 现在国内常用的热电阻都有什么种类？

答：现在国内基本使用 Pt100，Pt10，Cu50，Cu100 等 4 种热电阻。

10. 铠装热电阻有何优点？

答：铠装热电阻的优点：1) 惰性小，反应迅速；2) 有可绕性，适用于复杂结构或狭小设备的温度测量；3) 耐振动和冲击；4) 寿命长，因为热阻受到绝缘材料和气密性很好的保护套管的保护，所以不易被氧化。

11. 简述常用测温仪表故障及其处理方法。

答：测温仪表常见故障：1) 安装位置不当，使介质无法与测量元件充分的热交换，造成指示值偏低。

2) 测温点保温不良，局部散热快，造成测温处温度偏低于系统温度。

3) 接线松动，接触不良导致指示值不准，造成热电阻偏高，热电偶偏低。

4) 短路。造成热电阻偏低或最小，热电偶偏低成故障。

5) 断路(开路)故障。造成热电阻指示值最大，热电偶无指示或最小。

12. 如何选用热电偶和热电阻？

答：热电偶、热电阻一般根据测温范围选用。有振动的场合，宜选用热电偶，测温精确度要求较高的，无剧烈振动、测量温差等场合，宜选用热电阻。

1) 含氢量大于 5%(体积)的还原性气体，温度高于 870℃ 时，应选用吹气式热电偶或钨铼热电偶。

2) 测量设备、管道外壁温度时，选用表面热电偶或表面热电阻。

3) 测温点需要在两地显示或要求备用时，选用双支式测温元件。

4) 测温口需要测量多点温度时(如触媒层测量)，选用多点(多支)式专用热电偶。

5) 测量流动的含固体硬质颗粒的介质时，选用耐磨热电偶。

6) 爆炸危险场所，选用隔爆型热电偶、热电阻。

7) 测温元件有弯曲安装或快速响应要求时，可选用铠装热电偶、热电阻。

13. 物位测量仪表有哪些？

答：物位测量仪表有：玻璃板液位计、静压式液位计、浮力式液位计、雷达液位计及其他液位计(超声波、电容式、核辐射式)等。

14. 请问玻璃板液位计的工作原理及其所带的安全装置是什么？

答：玻璃板液位计是根据连通器原理工作的，测量容器压力大于 0.2MPa 时，其往往带有安全装置：在玻璃板液位计的上下阀内装有钢球，以便在玻璃管因事故破坏，钢球在容器内压力的作用下自动密封，防止容器内液体继续外流起到自动密封作用。

15. 玻璃管液位计的原理是什么？

答：玻璃管液位计的原理是当连通器两端液面外的气压相等时，液面就保持同一水平，这样就可以利用能看到的一端的液位，得知另一端的液位。

16. 静压式液位计的工作原理是什么？

答：静压式液位计是根据流体静压平衡原理而工作的，它可以分为压力式和差压式两大类。液体的密度 $\rho = m/V$，在底面积一定的容器上，因为压力 $P = F/S$，$F = hs\rho g$，所以，压力 $P = \rho gh$（其中 g 为 9.81N/kg；h 为液柱高度），所以我们只要测得已知密度的介质压力，就可以算出介质高度（液位）。

17. 简述两种差压液位计测量误差的现象。

答：1）测量的容器内外温差较大、被测液体的气相容易凝结，差压液位计负压导管内必须加隔离液。当封液灌内隔离液部分逃掉（蒸发）或变化（介质渗透）时，液位就为有误差。

2）引压管内液体冻住或结晶时，液位也有误差。

18. 雷达液位计的基本工作原理和特点是什么？

答：雷达液位计通过天线向被测介质物位发射微波，微波遇到障碍物，如液体液面时，部分被吸收，部分被反射回来，测出微波发射和反射回来的时间就可以计算出容器内液位。其运行时间与液位距离的关系为：$t = 2d/C$；其中 C 为电磁波传播速度，$C = 300000\text{km/s}$；d 为被测介质液位到探头之间的距离；t 为发射到接收到发射波的时间。

雷达液位计的特点：无位移、无传动部件、非接触式测量，受温度、压力影响小，不受蒸汽和粉尘的限制，适用于黏度大的介质、有毒或无毒卫生型介质、有腐蚀性介质的物位测量，而且雷达液位计没有测量盲区，精度可以做的很高。一般使用温度为 $40 \sim 150℃$，压力为 $2.5 \sim 6.4\text{MPa}$（不同公司的产品性能有所不同）。

19. 单元组合仪表中有哪几种仪表统一信号？

答：单元组合仪表中有三种统一信号：
1）单元组合仪表的统一信号为 $0.02 \sim 0.1\text{MPa}$（表压）。
2）单元组合仪表 DDZ—Ⅱ 型的统一信号是直流 $0 \sim 10\text{mA}$，它采用电流传送，电流接收的串联方式。
3）单元组合仪表 DDZ—Ⅲ 型现场传输信号统一是直流 $4 \sim 20\text{mA}$，控制室联络信号为直流 $1 \sim 5\text{V}$。它采用电流传送，电压接收的并联方式。

20. 差压式流量计的测量原理是什么？

答：它是基于流体流动的节流原理，利用流体流经节流装置（孔板、喷嘴、文氏管等）时产生的压力差，实现流量测量的。连续流动的流体，当遇到装在管道内的节流装置时，由于节流孔的截面积比管道的截面积小，流动流通面积突然缩小，使流体的流速增大，形成收缩的流体通过节流孔。根据伯努利定律，任何一流体所包含能量不变。因此，在流体加快地方动能增大，位能（静压头）降低，在节流孔前后就产生了压差，流体的流量越大，压差越大，因此，用差压计测出此差压就能测知流量的大小。差压式流量计由于使用历史长久，积累了丰富的实践经验和完整的实验资料，在生产中应用最广泛。

21. 转子流量计的测量原理是什么？

答：转子流量计是定压降式流量计。所谓定压降，就是不管流量多大，流体流过流量计的压降都是不变的。就是由一段向上逐渐扩大的圆锥形管子和管子中的转子组成。当流体流过锥形管和转子之间的环形缝隙时，由于节流作用，在转子上下产生的压力差，使转子上移，直到作用在转子上的向上的力与转子在流体内的质量相平衡为止。流量增大，这个压力差增大，当大于转子的质量时，转子上升，环形缝隙增大，节流作用减少，压差减少，直到压差又等于转子在流体内的质量时，转子停止上移。同理，流量降低，转子下降，因此，可以通过浮子平衡位置的高低，来测知流量的大小。对于传送转子流量计，则要把转子的位移量转换成气压或电流信号送二次表进行显示。

它的特点是有效测量范围即最大流量与最小流量之比(亦即量程比)大，为 10∶1，压力损失小，反应快，适于洁净流体小流量的测定。安装时流体应由下向上，并垂直安装。

22. 热式质量流量计的测量基本原理是什么？

答：热式质量流量计的测量基本原理是：利用外热源对被测流体加热，测量因流体流动造成的温度场变化来反映质量流量。温度场的变化用加热器前后端的温差来表示。基本结构如图 1-6 所示。

由图 1-6 可知，若采用恒定功率的加热器，则温差 ΔT 与质量流量 M 成反比，即流量越大，介质温升越小，测得温差 ΔT 即可求得 M。假若采用恒定温差法，则加热器输入功率 P 与质量流量成正比，测得加热器输入功率 P 则可求得 M 值。在使用上，恒定温差法，无论从特性关系或实现测量的手段看都较恒定功率法简单，从功率表上读出 P 值即可得到 M 值，因而应用广泛。适于测量气体的较大质量流量，无节流元件，压差小，由于加热及测量元件与被测流体直接接触，

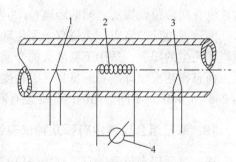

图 1-6 热式质量流量计示意图
1、3—热电偶；2—加热器；4—功率表

因此元件易受流体腐蚀和磨损，影响仪表的测量灵敏度和使用寿命。测量高流速、有腐蚀性的流体时不宜选用。

23. 威力巴流量计的测量基本原理是什么？

答：威力巴流量计的测量基本原理是：当充满管道的流体流经威力巴流量传感器的检测杆时，检测杆迎流面的全压孔感测到流体的全压平均值，其背流面的静压孔感测到流体的静压值，如图 1-7 所示，这两个值与流体流量的关系由以下公式确定：

质量流量公式：$M = 0.12645 K D^2 \sqrt{\Delta p \rho}$

体积流量公式：$Q = 0.01134 K F_g D^2 \sqrt{\Delta p \rho}$

气体标准体积流量：$Q_s = 0.12645 K D^2 \sqrt{\dfrac{\Delta p}{\rho}}$

式中　M——质量流量，kg/h；

　　　Q——体积流量，m^3/h；

　　　Q_s——气体的标准体积流量，Nm^3/h；

　　　K——流量系数；

　　　F_g——密度系数；

　　　D——管道内径，mm；

　　　Δp——差压，kPa；

　　　ρ——被测介质密度，kg/m^3。

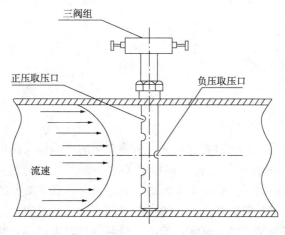

图 1-7　威力巴流量计示意图

24. 超声波流量计的测量基本原理是什么？

答：超声波流量计是一种利用超声波脉冲来测量流体流量的速度式流量仪表，目前生产最多、应用范围最广泛的是时差式超声波流量计，时差式超声波流量计是利用声波在流体中顺流传播和逆流传播的时间差与流体流速成正比这一原理来测量流体流量的。

25. 涡轮流量计测流量的原理是什么？

答：在流体流动的管道里，安装一个可以自由转动的叶轮，当流体通过叶轮时，流体的动能使叶轮旋转，流体的流速越高，动能就越大，转速也就越高。因此测出叶轮的转数或转速，就可确定流过管道的流量。我们在日常生活中，使用的某些自来水表、油量计等，都是利用类似的原理制成的。这种仪表，称为速度式仪表。由于它结构简单，原理清晰，早已在生产实践中应用，但是它也有很大的缺点，由于仪表表面必须用密封装置与被测介质隔开，这就使它们不能用在高压介质的管道内。另外，叶轮是通过齿轮传到显示表面上的，这种摩擦的影响，使它们不能应用在精确测量的场合。而涡轮流量计正是利用相同的原理，在结构上加以改进后制成的。

在涡轮流量计中，测量元件涡轮将流量 Q 转换成涡轮的转数 ω，磁电装置又把转数 ω 转换成脉冲数 N，通过放大后，送入二次仪表进行显示和计数。单位时间内的脉冲数和累积脉冲数，就分别反映了瞬时流量和累积流量。由于涡轮流量计的转数是以频率信号输出的，所以可制成数字仪表，也便于与数控装置相配合。

涡轮流量计测量精度高，反应快。它紧固耐用，体积紧凑，能在高温下使用。它可以很方便地安装在任何形式的管道里，因而可以适用于火箭和喷气发动机中的高速管道，进行燃料流量测量。所以这种流量计不仅在一般工业上，而且在国防上也有很大意义。不过涡轮流量计对介质的清洁度要求很高，因而它在工业上的应用范围受到很大的限制。

26. 常用压力测量仪表有哪几种？

答：常用压力测量仪表有以下几种：

1）弹簧管压力表。

2）膜盒压力表。

3）电动、气动压力变送器。

4）法兰压力变送器。

27. 如何选用压力表？

答：选用压力表时要考虑压力表的量程、所测介质的性质以及使用场所。

1）压力表有不同的精度等级，在选用压力表时，要考虑工艺的实际需要和经济合理。在满足工艺精度要求的情况下，精度不要选得太高，以免造成不必要的浪费。由于仪表的允许误差，是用仪表的量程的百分数来表示的。对于同一精度的仪表，量程选得越大，实际使用精度越低。为了保证测量时的实际使用精度，量程应尽量选得小一些。但另一方面为了保证弹性元件能在弹性变形的安全范围内可靠地工作，选择压力表量程时，要留有足够的余地。一般在被测压力较稳定的情况下，最大压力值不应超过量程的三分之二，而在被测压力波动较大的情况下，最大压力值不应超过量程的二分之一。为保证测量精度，被测压力最少值不应低于量程的三分之一。

2）根据被测介质的性质，选择不同类型的压力表。具有腐蚀的介质，应选用弹性元件为不锈钢材料制成的压力表。某些介质要选用专用的压力表，如测量介质为氨，应选用氨压力表，测量的为氧气应选用氧气压力表。

3）根据压力表使用场所，选择不同类型的压力表。如压力表安装在机泵出入口等振动较大的场所，应该选用防振压力表，而振动较小的场所则可选用普通压力表。

28. 压力表的量程是如何选用的？

答：一般是在被测压力稳定的情况下，最大压力值不应超过满量程的2/3，在被测压力波动较大时，最大压力不应超过满量程的1/2。为保证测量精度，被测压力不应低于满量程的1/3。

29. 什么是变量、目标函数和约束条件？

答：变量一般指最优化问题或系统中待确定的某些量。变量可有几个到上千个，依具体优化问题而定。

最优有一定的标准或评价的方法。目标函数就是这种标准的数学描述。如用效果作为目标函数时，最优化问题是要求最大值。反之，如用费用作为目标函数时，问题变成了求极小值。

约束条件是求目标函数极值时的某些限制。一般指原料、人力、设备、经费、时间等方面的限制。

30. 什么叫最优化控制？

答：所谓最优化控制，就是指在生产过程客观允许的范围内，力求获得生产过程的产品质量最好、产量最高、收益最大的一种控制方法。换句话说，就是在一定约束条件下（工艺参数的限制，工艺参数相互间依赖关系，设备条件的限制，控制作用的限制等），选择一个表征过程的目标函数（产量最高，收率最高，消耗最小，控制品质最好，达到给定值的时间最短等），再确定一个最佳的控制函数，以使目标函数取极大值或极小值。

31. 什么叫作软仪表？

答：所谓软仪表是指不使用在线检测的方法，而是用经验公式、工艺机理和数学模型等办法来预测工艺参数或产品质量，并且实时显示，记录或打印。

32. 自动仪表分为哪几类？

答：自动仪表按其功能不同，大致分成 4 大类：
1）检测仪表（参数的测量和变送）。
2）显示仪表（模拟量显示和数字显示），是我们要调节的对象。
3）调节仪表（气动、电动调节仪表及电子计算机等）。
4）执行器（气动、电动和液压等执行器，也叫调节阀）。

33. 仪表自动化系统分为哪几类？

答：仪表自动化系统分为 4 类：自动检测系统；自动信号系统；自动连锁系统；自动调节系统。

34. 常用的自动控制仪表调节规律有几种？

答：常用的自动控制仪表调节规律有：双位调节、比例调节、积分调节、微分调节。

35. 变送器有何作用？

答：变送器的作用是检测工艺参数并将测量值以特定的信号形式传送出去，以便进行显示和调节。

36. 什么是比例调节？

答：当被调参数偏离给定值产生了偏差，首先根据偏差大小决定阀门的开关程度，对调节对象施加调节作用，使被调参数回到给定值，因为施加的调节作用是和偏差大小成比例的所以叫比例调节。

37. 比例调节有哪些特点？

答：比例调节是依据"偏差大小"而动作的，它的输出与输入偏差大小成比例。用比例度表示其作用强弱，比例度越大，调节作用越弱；比例度越小调节作用则越强。比例度太强，会引起振动。

适用于允许有一定偏差、调节质量要求不高的场合；适用于无滞后的场合，即要求调节动作快的场合。

38. 什么是积分调节？积分时间？比例积分调节有何作用？

答：1）积分调节的作用：

调节器输出的变化量与偏差值随时间的积分成正比的调节规律称为积分调节作用，用 I 来表示，所以当输入偏差存在时，尽管偏差很小，调节器输出变化率就不会等于零，输出就会一直在变化，而且偏差时间越长，输出变化就越大，直到输入偏差为零时，调节器输出变化速度才等于零，即输出不再变化而稳定下来。这说明积分调节作用在最后达到稳定时必须是偏差等于零。因此积分作用能自动消除余差。

2）积分时间：

积分时间是积分调节器一个很重要的参数，积分时间长，积分速度小，偏差值时间累积的速度慢，反之亦然。

3）积分调节作用：

实际上具有积分规律调节器很少单独使用，一般都是与比例作用组成比例积分调节器。这种调节器具有比例调节反应快，无滞后的优点因此可加快调节作用，缩短调节时间，又有积分作用可以消除余差的优点，基本上能满足生产工艺的要求。

39. 积分调节有哪些特点？

答：积分调节是依据"偏差是否存在"而动作的。它的输出与偏差对时间的积分成比例。用积分时间来表示，其作用强弱，积分时间越长，调节作用越弱，积分时间越短，积分作用越强，太强也易引起振荡。另外，积分作用延长了调节时间，使调节作用相对滞后。

40. 什么是微分作用？

答：微分调节器（用 D 表示）的调节规律，是根据偏差的变化趋势即"偏差变化速度"而动作的，在数学上称为微分作用。

结合加热炉出口温度调节加以说明，假设采用的调节器是比例微分调节器，当被调参数炉出口温度偏高时，调节阀关小，温度越高，调节阀就关得越小，这一作用就是比例作用，由调节器比例部分去完成。另外还可以这样调节，发现炉出口温度上升很快，说明已经出现较大的干扰作用，如果不及时采取相应的措施，由下一时刻炉出口温度偏差将会更大，因此可以把调节阀预先关小一些，等炉出口温度逐渐回复后，再把调节阀开到相应的开度上。这一调节作用是按偏差变化速度而引入的调节作用，只要偏差一露头就立即施加调节作用，这样调节的效果就会更好，这一作用就由调节器微分部分来完成，称为微分调节。

微分调节具有超前的作用，因此，微分作用可用于滞后大的调节对象，炼油厂中一般用在温度调节系统。

41. 微分调节有哪些特点？

答：微分调节是依据"偏差变化速度"而动作的，它的输出与偏差变化速度成比例。用微分时间来表示其作用强弱，微分时间越长，调节作用越强，微分时间越短，调节作用越弱。另外，微分作用实质上是阻止被调参数的一切变化，有超前调节作用。

42. 微分时间越长，微分作用越大吗？

答：是的，微分调节器的输入和输出的关系如下式所示：

$$P = T_{\mathrm{d}} \frac{\mathrm{d}e}{\mathrm{d}t}$$

式中 P——微分调节器的输出；

T_{d}——微分时间；

$\frac{\mathrm{d}e}{\mathrm{d}t}$——偏差 e 的变化速度。

由此式可见，当偏差 e 的变化速度不变时，微分时间 T_{d} 越长，则微分调节作用越大。

43. 调节参数对调节过程有什么影响？

答：1）比例度 δ 变化对调节过程的影响。

比例度越大说明调节作用越弱，必然导致过程曲线变化缓慢。振荡周期长，衰减比较大。如果是纯比例作用，则稳定后余差也大。相反减小比例值相当于加强调节作用，曲线波动快，振荡周期短，衰减比变小，随着比例度 δ 的减小，曲线振荡逐渐加剧，周期越来越短，衰减比也越来越小。

2）积分时间 TI 变化对调节过程的影响。

积分作用强弱取决于积分时间 TI 的大小。TI 大，积分作用弱，TI 小，积分作用强。曲线振荡逐渐加剧，周期逐渐缩短，余差也越来越小。但 TI 过小，由于积分作用太强，造成曲线剧烈振荡，操作不稳；当 TI 无限大时，调节器就是个纯比例调节器。

3）微分时间 TD 变化对调节过程的影响。

微分作用强弱主要看 TD 的大小，TD 越大，微分作用越强，这和积分时间 TI 刚好相反。微分作用越强，调节作用也越强，其结果使振荡越来越剧烈，周期也越来越短。用微分作用后余差也会有所降低。但是当微分作用的不恰当，TD 太大了会引起大幅度的振荡，太小了作用不够明显，对调节质量改善不大，等于零时无微分作用。

44. 比例积分微分调节器有何特点？

答：应用比例积分微分调节器（PID 调节器），当干扰一出现微分作用先用一个与输入变化速度成正比的信号，叠加比例积分的输出上，用以克服系统的滞后，缩短过渡时间，提高调节品质。

45. 比例积分调节器有何特点？

答：比例积分调节器（PI 调节器）的输出既有随输入偏差成比例的比例作用，又有偏差不为零输出一直要变化到极限值的积分作用，且这两种作用的方向一致，所以该调节器既能较快地克服干扰，使系统重新稳定，又能在系统负荷改变时将被调参数调到设定值，从而消除余差。

46. 什么叫串级控制？

答：串级控制就是主调节器的输出作为副调节器的给定值，副调节器的输出去操作调节阀，以实现对主变量的定值控制。

47. 什么叫均匀控制？

答：均匀控制是为了解决前后工序的供求矛盾，使两个变量之间能够互相兼顾和协调操作的控制系统。

48. 什么叫前馈控制？

答：前馈控制就是干扰一旦出现，不需等到被调参数受其影响产生变化，就会立即产生调节作用的调节系统，它能对主要干扰量的变化进行补偿，它是一个开环控制，常和反馈控制系统组合使用。

49. 什么叫比值控制？

答：比值控制可以控制两个或两个以上的流量保持一定的比值关系。

最简单的比值控制系统是单闭环比值控制系统，它的控制方案及方框图如图 1-8 所示。从图上可以看出，Q_1 是主动量，它本身没有反馈控制，因而是可变的，Q_2 是从动量，它随 Q_1 而变，在稳态时能保持 $Q_2 = KQ_1$。因为只有 Q_2 的流量回路形成了闭环，所以叫作单闭环比值控制系统。

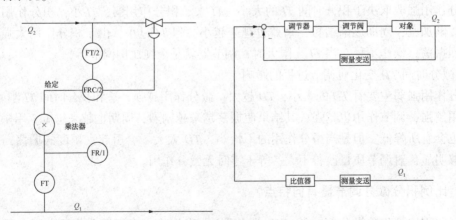

图 1-8　比值控制器逻辑图

50. 什么叫自动选择性控制？

答：调节器的测量值可以根据工艺的要求自动选择一个最高值、最低值。选择性控制系统的基本设计思想就是把在某些特别场合下工艺过程操作所要求的控制逻辑关系叠加到正常的自动控制中去，在生产操作中起到软限保护的作用，所以被应用得相当广泛。如尾气处理装置焚烧炉的第二段风控制，就是由一个高选器选择焚烧炉温控输出和烟道气氧含量控制器输出中较高的一个，作为二段风流量调节器的设定值的。

51. 什么叫分程控制？

答：分程控制由一个调节器去控制两个或两个以上的调节阀，可应用于一个被控变量需要两个以上的操作变量来分阶段控制或者操作变量需要大幅度改变的场合。

我们以 M-301 温度控制为例说明，如图 1-9 所示：TC 作为 M-301 温度控制器，当反应炉 M-301 温度与设定值有偏差时，温控 TC 输出中的 0~15% 给空气温度控制器，由空气温度控制器控制入反应炉空气温度，从而达到控制反应炉温度目的，如果 M-301 温控 TC 输出在 15% 时，反应炉温度依旧和设定值有偏差，温控 TC 继续增加输出，但是由于入反应炉空气温度已经达到最大允许值，不能再通过控制入反应炉空气温度来实现控制反应炉温度，于是 M-301 温控输出的 15%~100% 作为入反应炉瓦斯流量控制器的设定值，由瓦斯流量控制器控制入反应炉瓦斯流量，从而实现反应炉温度全程控制目的。

如上：反应炉温度控制器的输出分成两个部分，分别为 0~15% 和 15%~100%，并同时作为两个调节机构的给定值实现反应炉温度控制，15% 就是温控的分程点。

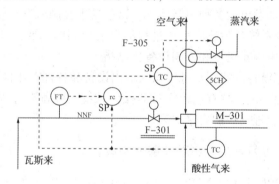

图 1-9　M-301 温度控制示意图

52. 如何进行防喘振控制？

答：防喘振控制：一般喘振是因为负荷减小，使被输送气体的流量小于该工况下特性曲线喘振点的流量所致。因此，只能在必要时采取部分回流的办法，使之既符合工艺低负荷生产的需要，又满足流量大于最小极限值的需要，这就是防喘振控制的原理。方案主要有两种：固定极限流量防喘振控制——把压缩机最大转速下喘振点的流量作为极限值，使压缩机运行时的流量始终大于该极限值。可变极限流量防喘振控制——在喘振边界线右侧做一条安全操作线，使反喘振调节器沿着安全线工作。换句话说，就是使压缩机在不同转速下运行时，其流量均不小于该转速下的喘振点流量。

53. 生产中调节器 PID 参数一般如何整定？

答：调节器 PID 参数的整定一般用经验凑试法，首先把比例度凑试好，待过渡过程已基本稳定，然后再加积分作用消除余差，最后加入微分作用，提高调节质量，按此顺序观察过渡过程曲线进行整定工作。用经验凑试法进行 PID 参数整定时，观察到曲线振荡很频繁，须把比例度增大以减小振荡，曲线最大偏差大且趋于非周期，须把比例度减小。

54. 工业控制计算机的特点是什么？

答：工业控制计算机在结构性能上与通用机有共性，但由于它专供自动控制用，故在应用上又有其特殊性。它的特点是：

1）可靠性高。因为工业过程往往是昼夜运行的，一般的生产装置往往几个月甚至几年才修一次，这就要求控制生产的计算机的可靠性尽可能地高，而故障率要低，平均故障时间要短。

2）相对而言，对计算机的精度、运算速度要求较低：工业控制机多为定点机，一般字长较短（16~24 位，多为 16 位），速度较低（每秒几万次至 100 万次），内存容量较小，当然，随着工业自动化的发展，对工业控制计算机的规模、速度、精度的要求也在不断提高。

3）响应性好：为及时处理被控对象随时发生的变化并保持诸多数据的同时性，要求计算机在某一限定时间内必须完成处理的工作，即实时响应要好。

4）有比较完善的中断系统：工业控制计算机要控制生产过程，就必须能自动快速地响应生产过程和计算机内部发出的各种中断请求。这就要求控制机有比较完善的中断系统。

5）有较丰富的指令系统：为适应生产过程的自动控制的需要，计算机必须具备较丰富的指令系统，尤其是逻辑判断指令和外围设备控制指令。

6）有较完善的外部设备，特别是过程输入输出设备和各种工业自动化仪表要配套。

7）有较完善的软件，包括具有比较完整的操作系统，配备有过程控制所需要的应用软件，使机器的使用更加合理，控制质量更高。

55. DCS 是什么意思？其主要由哪几部分构成？

答：DCS 是 DISTRIBUTED CONTROL SYSTEM 的缩写，中文意思是集中分散控制系统，简称集散控制系统。其主要由过程输入/输出接口、过程控制单元、操作站、数据高速通道、管理计算机五部分构成。

56. 简述 DCS 系统功能？

答：DCS 系统功能有：可以检测所有的模拟和数字信号，并且存储数据，检查数据有效性，控制功能可以进定值、比值、串级、分程、选择等控制，能执行信号的逻辑运算和判断，实现工艺过程和设备的安全保护。

57. DCS 集散控制系统有哪些特点？

答：DCS 集散控制系统有以下特点：

1）自主性——各工作站之间可以通过网络连接，并可独立完成合理分配给自己的任务。

2）协调性——各工作站通过网络传送各种信息，数据共享。

3）友好性——实用、简捷的人机会话系统。

4）适应性、灵活性——硬件、软件采用开放式、标准化和模块化设计。

5）在线性——能处理数据，在线维修。

6）可靠性——采用了容错技术、冗余技术、自诊断技术。

58. 构成 DCS 系统的主要组成部分有哪些？

答：DCS 系统由操作节点、控制站和网络组成。操作节点由计算机和监控软件组成，包括操作站、工程师站、服务器等。控制站主要指 dcs 硬件，cpu 及采集、控制卡件等。网络主要是连接操作节点和控制节点的网络，一般是工业以太网。

59. 控制站作用？

答：在 DCS 系统中，控制站实现数据采集并直接对生产过程进行各种连续控制、批量控制与顺序控制等，所有测量值可通过通信网络送到操作站数据库。

60. ESD 是什么意思？

答：ESD 是英文 Emergency Shut Down System 的缩写，其中文意思是安全紧急停车系统；它独立于人工操作之外，正常状态下，它对装置的关键工艺及设备参数进行连续监测，当出现异常情况时，ESD 系统立即按照预先设计好的联锁保护程序执行相应的跳闸动作，使设备处于安全状态。

61. 什么叫串级调节系统？

答：凡用两个调节器串接工作，主调节器的输出作为副调节器的给定值的调节系统，称为串级调节系统。主参数是工艺控制指标，在串级调节系统中起主导作用的被调参数。副参数是为了稳定主参数，或因某种需要而引入的辅助参数。主对象是由主参数表征其主要特性的生产设备。副对象是由辅助参数表征其特性的生产设备。主调节器按主参数与工艺规定的给定值的偏差工作，其输出作为副调节器的给定值，在系统中起主导作用。副调节器按副参数与主调节器来的给定值的偏差工作，其输出直接操纵调节阀动作。主回路是由主测量变送器，主、副调节器，执行器和主、副对象构成的外回路，亦称外环。副回路是由副测量变送器，副调节器，执行器和副对象所构成的内回路，亦称内环。

62. 串级控制系统的特点是什么？

答：串级调节系统的特点有三个：

1）系统结构上组成两个闭合回路。主、副调节器串联，主调节器的输出作为副调节器的给定值。系统通过副调节器控制调节阀动作，来达到控制被调参数在给定值上的目的。

2）系统特性上，由于副回路的作用，有效地克服了滞后，可大大地提高调节质量。

3）主、副回路协同工作，克服干扰能力强，可用于不同负荷和操作条件变化的场合。

63. 串接回路如何进行无扰动切换？

答：串接回路无扰动切换的总体思路是回路投用应该由里向外进行，即先投用好副回路，再投用主回路。

1）主、副调节器都处于手动状态，按照工艺要求，手动调节调节阀输出，使副对象大体满足主对象所需，此时再投用副回路自动控制。

2）副回路自动控制后，此时主回路依旧处于手动状态，手动调节主调节器的输出，并使这个输出与副调节器的设定值大体一致，然后投用副调节器为串级。

3）改变主调节器的设定值，使调节器在改自动时，保证输出不会发生较大的改变，然后投用主调节器为自动，按工艺要求给定主调节器的设定值。回路投用完毕。

64. 液位-流量的串接均匀控制系统和串接控制系统的参数整定有何不同？

答：液位-流量的串接控制系统的目的：一般是为了快速克服干扰，严格控制液面，确保其无余差。流量是为液位而设置的，允许它在一定范围内波动。主调节器一般选用 PI（比例积分）调节规律，副调节器也选用 PI 作用。

而液位-流量串接均匀控制系统的目的是为了使液位和流量都在一定范围内均匀缓慢变化。主调节器一般选用比例作用，必要时才引入积分作用，防止偏差过大超出允许范围，副调节器一般用比例作用。

65. 什么叫集散控制系统？

答：集中控制系统又称分散型控制系统，简称集散系统。它以分散的控制适应分散的过程对象，同时又以集中的监视、操作和管理达到控制全局的目的，既发挥了计算机高智能、速度快的特点，又大大提高了整个系统的安全可靠性。集散系统可在分散控制的基础上，将大量信息通过数据通信电缆传送到中央控制室，控制室用以微处理机为基础的屏幕显示操作站，将送来的信息集中显示和记录，同时可与上位监控计算机配合，对生产过程实行集中控制监视和管理，构成分级控制系统。

集散系统不仅可完成任一物理量的检测，进行自动和手动调节控制，而且可向用户提供多种应用软件，如工艺流程显示、各种报表的制作，还提供过程控制语言，可完成顺序程序控制、数据处理、自适应控制、优化控制等程序编制。系统可采用积木组件式结构，根据用户规模任意组合，从只控制一个回路到控制几百个回路。采用集散控制系统不仅使生产过程实行安全、稳定、长周期运行，而且可实现优化控制和管理。

66. I/A 智能自动化系统的优点是什么？

答：I/A 智能自动化系统的优点是：

1）全封闭结构，体积小，质量轻，相当于老集散系统的 1/5。

2）处理器功能强，卡件品种少，便于维护。

3）环境无特殊要求，可安装在普通控制室或室外。

4）先进的散热技术，不用通风系统。

5）标准语言，兼容能力强。

6）约为老集散型系统的 60%。

7）运行时间长。

第五节 安全专业基础知识

1. 一级(公司级)安全教育的主要内容是什么?

答:一级(公司级)安全教育的主要内容是:

1) 了解安全生产的重要性,学习党和国家的安全生产方针政策,明确安全生产的任务。
2) 牢记工厂概括、生产特点及其通性的安全守则。
3) 掌握防火和防毒方面的基础知识和器材使用与维护。
4) 介绍工厂安全生产方面的经验和教训。

2. 车间级安全教育培训的内容重点是什么?

答:车间级安全生产教育培训内容重点是:本岗位工作及作业环境范围内的安全风险辨识、评价和控制措施;典型事故案例;岗位安全职责、操作技能及强制性标准;自救互救、急救方法、疏散和现场紧急情况的处理;安全设施、个人防护用品的使用和维护。

3. 班组安全教育的主要内容是什么?

答:班组安全教育的主要内容是:

1) 岗位的生产流程及工作特点和注意事项。
2) 岗位的安全规章制度、安全操作规程。
3) 岗位设备、工具的性能和安全装置的作用、防护用品的使用、保管方法等。
4) 岗位发生过的事故,应吸取的教训及预防措施。
5) 紧急情况时的急救、抢救措施及报告方法。

4. 简述"三级安全教育"的程序?

答:新职工经公司级安全教育考试合格后,由公司安全部门填写安全教育卡交劳动人事部门作为分配到车间的依据;经车间级安全教育考试合格后,由车间安全员填写好安全教育卡,由车间分配到班组进行班组安全教育;由班组安全员填写好安全教育卡,交车间安全员汇总交公司安全部门存档备查。

5. 安全活动日的主要内容是什么?

答:安全活动日的主要内容是:

1) 安全文件、通报和安全规程及安全技术知识。
2) 分析典型事故,总结吸取事故教训,找出事故原因,制订预防措施。
3) 事故预想和岗位练兵,组织各类安全技术表演,交流安全生产经验。
4) 安全规章制度执行情况和消除事故隐患,表扬安全生产的好人好事。
5) 安全技术座谈,研究安全技术革新项目和其他安全活动。

6. 工人的安全职责是什么?

答:工人的安全职责是:

1）学习和严格遵守各项安全生产规章制度，熟练掌握本岗位的生产操作技能和处理事故的应变能力。

2）遵守劳动纪律，不违章作业，对他人的违章行为加以劝阻和制止。

3）精心操作，严格工艺纪律，认真做好各项记录，交接班必须交接安全生产情况，交班要为接班创造安全生产的良好条件。

4）认真进行巡回检查，发现异常情况及时处理和报告。

5）分析、判断和处理各种事故苗头，尽一切可能把事故消灭在萌芽状态。一旦发生事故要果断正确处理，及时如实向上级报告，并保护现场，做好详细记录。

6）设备维护，保护作业场所整洁，搞好文明生产。

7）必须按照规定着装，爱护和正确使用各种消防用品，生产及消防工器具。

8）参加各种安全活动，提出安全生产，文明生产的合理化建议。

9）拒绝违章作业的指令，并越级向上级汇报。

7. 何谓安全技术作业证？

答：安全技术作业证是对职工进行安全教育和职工安全作业情况的考核证。新职工入公司经三级安全教育和考试合格后方准其上岗学习，经上岗学习期满后，由班组鉴定学习情况和车间组织考试合格，方可持安全教育卡到安全部门办理领取安全技术作业证，取得安全技术作业证后才具备独立上岗操作资格。

8. 操作工"六严格"内容是什么？

答：操作工"六严格"内容是：严格执行交接班制、严格进行巡回检查、严格控制工艺指标、严格执行操作（法）票、严格遵守劳动纪律、严格执行安全规定。

9. 事故处理四不放过原则是什么？

答：事故处理四不放过原则是：事故原因未查清不放过，事故责任人未受到处理不放过，当事人和群众没有受到教育不放过，预防措施落实不到位不放过。

10. 三懂四会内容是什么？

答：三懂内容：懂生产原理，懂工艺流程，懂设备结构。四会的内容：会操作，会维护保养，会排除故障和处理事故，会正确使用消防器材和防护器材。

11. 设备运行"四不准超"是什么？

答案：设备运行"四不准超"是指不能超温、超压、超速、超负荷运行。

12. 安全生产中事故整改五定原则是什么？

答：安全生产中事故整改五定原则是：定项目，定人员，定资金，定措施，定时间。

13. 动火作业六大禁令的内容是什么？

答：动火作业六大禁令的内容是：

1）火证未经批准，禁止动火。2)与生产系统可靠隔绝，禁止动火。3)进行清洗置换不合格，禁止动火。4)消除周围易燃物，禁止动火。5)按时做动火分析，禁止动火。6)有消防措施，无人监护，禁止动火。

14. 什么叫燃烧？燃烧的基本条件是什么？

答：燃烧是物质相互化合而伴随发光、发热的过程。我们通常所说的燃烧是指可燃物与空气中的氧发生剧烈的化学反应。可燃物燃烧时需要有一定的温度。可燃物开始燃烧时所需要的最低温度叫该物质的燃点或着火点。

物质燃烧的基本条件：一是有可燃物，如燃料油、瓦斯等；二是要有助燃剂，如空气、氧气；三是要有明火或足够高的温度。三者缺一就不能发生燃烧。这就是"燃烧三要素"。

15. 什么叫"燃点""自燃点""闪点"？

答："燃点"也称着火点，火源接近可燃物质能使其发生持续燃烧的最低温度。

"自燃点"即可燃物质与空气混合后共同均匀加热到不需要明火而自行着火的最低温度。

"闪点"是指可燃液体的一种最低闪燃温度。在该温度下，液体挥发出的蒸汽和空气混合与火接触能够发生闪燃的最低温度。

16. 沸点、闪点、自燃点之间的关系是什么？

答：油品沸点愈低，则闪点愈低，自燃点愈高；沸点愈高，则闪点愈高、自燃点愈低。

17. 燃料气和酸性气燃烧后火焰温度哪个高？

答：因为烃的热值比 H_2S 高，燃料气燃烧时的火焰温度也比酸性气燃烧时的火焰温度高。

18. 引起着火的直接原因有哪些？

答：引起着火的直接原因一般有：
1）明火——如焊炬、炉火、香烟等。
2）明火花——如电气开关的接触火花、静电火花。
3）雷击——云层在瞬间高压放电引起的火。
4）加热自燃起火——如熬沥青加热引起自燃。
5）可燃物质接触被加热体的表面——如油棉纱接触高温介质的管道引起自燃。
6）辐射作用——衣服挂在高温炉附近引起着火。
7）摩擦作用——如轴承的油箱缺乏导致润滑油发热起火。
8）聚焦及高能作用——使用老花眼镜、铝板等对日光的聚焦作用和反射作用引起着火，激光照射引起着火的烧毁。
9）对某些液态物质施加压力进行压缩，产生很大的热量，也会导致可燃物着火，如柴油发动机起火的工作原理。
10）与其他物质接触引起自燃着火，如钾、钙等金属与水接触；可燃物体与氧化剂接触，如木屑、棉花、稻草与硝酸接触等。

19. 引起火灾的主要原因有哪些?

答：引起火灾的主要原因有：

1）对防火工作重要性缺乏认识，思想麻痹，是发生火灾事故的主要思想根源。

2）对生产工艺、设备防火管理不善是导致发生火灾事故的重要原因。

3）设计不完善，为防火工作留下隐患，成为火灾事故的根源。

4）对明火、火源、易燃易爆物质控制不严、管理不严，是引起火灾事故的直接原因。

5）防火责任制贯彻不落实，消防组织不健全，不能坚持防火检查，消防器材管理不善及供应不足是导致火灾漫延扩大的重要原因。

20. 做好防火工作的主要措施有哪些?

答：做好防火工作的主要措施有：

1）建立健全防火制度和组织；2)加强宣传教育与技术培训；3)加强防火检查防火责任制度，消除不安全因素；4)认真落防火责任制度；5)配备好适用的、足够的灭火器材。

21. 什么是爆炸? 什么叫爆破?

答：物质猛烈而突然急速地进行化学反应，由一种相态迅速地转变成另一种相态，并在瞬间释放出大量能量的现象，称为爆炸，又称化学爆炸，如炸药爆炸。

由于设备内部物质的压力超过了设备的本身强度，内部物质急剧冲击而引起，纯属物理性的变化过程，这种现象称爆破，又称为物理性的爆炸，如蒸汽锅炉超压爆破。

22. 发生爆炸的基本因素是什么?

答：造成爆炸的基本因素是：

1）温度。

2）压力。

3）爆炸物的浓度。

4）着火源。

23. 什么是爆炸极限?

答：可燃气体、蒸汽或可燃粉尘与空气组成的爆炸混合物，遇火即能发生爆炸。这个发生爆炸的浓度范围，叫作爆炸极限，最低的爆炸浓度叫作下限，最高的爆炸浓度叫作上限，通常用可燃气体、节省、粉尘在空气中的体积分数表示。

24. 影响燃烧性能的主要因素有哪些?

答：影响燃烧性能的主要因素有：

1）燃点：燃点越低，火灾危险性越大。

2）自燃点：自燃点越低，火灾危险性越大。

3）闪点：闪点越低，火灾危险性越大。

4）挥发性：相对密度越小，沸点越低，其蒸发速度越快，火灾危险性越大。

5) 可燃气体的燃烧速度：单位时间内被燃烧掉的质量或体积量度，燃烧速度越快，引起火灾危险性越大。

6) 自燃：自热燃烧，堆放越多，越易引起燃烧。

7) 诱导期：在自引着火前所延滞的时间称为诱导期，时间越短，火灾危险性越大。

8) 最小引燃量：所需引燃量越小，引起火灾危险性越大。

25. 简述灭火的基本原理是什么？

答：燃烧必须同时具备三个条件，采取措施以至少破坏其中一个条件则可达到扑灭火灾的目的。

26. 灭火的基本方法有哪几种？

答：根据物质燃烧原理，灭火的基本方法就是为了破坏燃烧必须具备的条件。具体方法有下列几种：

1) 冷却灭火法。根据可燃物质发生燃烧时必须达到一定温度这个条件将灭火剂直接喷射到直接燃烧着的物体上，使可燃物质的温度降低到燃点以下，从而使燃烧停止。

2) 隔离灭火法。根据燃烧必须具备可燃物这个条件，将燃烧物与附近的可燃物隔离或疏散开，使燃烧停止。

3) 窒息灭火法。根据可燃物质燃烧必须有足够的空气(氧)为条件，阻止空气进入，或用惰性气体降低燃烧压氧的含量，使缺氧而停止燃烧。

4) 化学抑制灭火法。使用灭火剂与链式反应的中间体自由基反应，从而使燃烧的链式反应中断使燃烧不能持续进行。

27. 常用的灭火物质有哪些？

答：常用的灭火物质有：
1) 固体：砂、土、石棉粉、石棉毡、碳酸氢钠粉等。
2) 液体：水、溴甲烷、四氯化碳、二氯化碳、泡沫等。
3) 气体：氮气、二氧化碳、水蒸气等。

28. 常用的灭火装置有哪些？

答：常用的灭火装置有：
1) 各类灭火器：泡沫器、二氯化碳灭火器、四氯化碳灭火器、干粉灭火器、"1211"(二氟一氯一溴甲烷 $CBrClF_2$)灭火器等。
2) 各类消防车：水车、泡沫车、干粉车、氮气或二氧化碳车等。
3) 各类灭火工具：消防栓、铁钩、石棉布、湿棉被等。

29. 简述"1211"灭火器的结构，灭火原理，使用方法及注意事项？

答："1211"灭火器主要由筒体和筒盖两部分组成。筒盖装上喷嘴、阀门和虹吸管，有的筒盖则装有压把、压杆、弹簧、喷嘴、密封圈、虹吸管和安全梢等。

"1211"即二氟一氯一溴甲烷(分子式为 $CBrClF_2$)，是一种低毒、不导电的液化气体灭火剂。常温常压下是一种无色、略带甜味的气体，比空气重 5 倍。"1211"灭火剂与火焰接触时，受热产生溴离子与燃烧过程中产生的活性氢基化合，使燃烧火焰中的链反应停止，致使火焰熄灭，同时兼有冷却、窒息作用。因此，"1211"灭火剂仅适用于扑灭易燃、可燃气体或液体、一般可燃物(如纸、木材、纤维)以及易燃固体物质的火灾。不宜使用扑灭含氧的化学药品、活性金属以及金属氢化物火灾。

使用时，将手提式"1211"灭火器拿到起火地点，手提灭火器上部(不要颠倒)，用力紧握压把，开启阀门，储存在钢瓶内的灭火剂即可喷出。灭火时，必须站在火源上风向将喷嘴对准火源，左右扫射，并向前推进，将火扑灭。如果遇零星小火时，可重复开启灭火器阀门，点射灭火。

手提式"1211"灭火器应放在干燥的地方。每半月要检查一次灭火器的总质量，如果减少十分之一时，应灌药充气。

30. 简述干粉灭火器的结构、灭火原理、使用方法及注意事项？

答：干粉灭火器由两部分组成，一是装有碳酸氢钠等盐类和防潮剂、润滑剂的钢筒；二是工作压力为 14MPa 的二氧化碳钢瓶，钢瓶内的二氧化碳是作为喷射动力将干粉喷出，盖在固体燃烧物上，能够构成障碍燃烧的隔离层；而且通过受热，还会分解出不燃气体，稀释燃烧区域中的氧含量；干粉还有中断燃烧连锁反应的作用，灭火速度快。

使用时，位于火源上风向，在离火场几米远时，将灭火器立于地上，用手握紧喷嘴胶管，另一手拉住提环，用力向上拉起并向火源移近，由近到远进行灭火。

干粉灭火器适用于扑灭油类，电气设备和遇水燃烧的物质，存放处保持 35℃ 以下，钢瓶内 CO_2 不少于 250g，严防漏气失效，有效期为 4~5 年，正常使用期间需定期检查并维护。

31. 简述一般灭火方法及注意事项？

答：1)气体着火：立即切断气源，通入氮气、水蒸气，使用二氧化碳灭火器，用湿石棉布压盖，必要时停车处理。

2) 油类着火：使用泡沫灭火器效果最好；油桶、储罐、油锅可用湿石棉袋、石棉板覆盖，禁止用水扑灭。

3) 电气着火：使用四氯化碳、二氧化碳、干粉(精密仪表、电气除外)，应先切断电源，禁止使用水和泡沫灭火机扑灭。

4) 木材、棉花、纸张着火：可用泡沫灭火机、水。

5) 文件、档案、贵量仪表着火：可用二氧化碳灭火器扑灭。

6) 硫黄着火：可用水蒸气或者水扑灭。

32. 人身着火时应如何扑救？

答：当人身着火时，应采取以下措施：

1) 人身着火的自救：一般情况下，当衣服着火时，如果无法立即扑灭，为防止烧伤皮肤，则应迅速将衣服撕掉、脱掉。若着火面积很大，来不及或无力解脱衣物，应就地打滚，用身体将火压灭，且不可跑动，否则风助火势，便会造成更严重的后果。若附近有水源，及时用水灭火但若人体已被烧伤，而且创面皮肤已烧破时，则不宜用水，更不能用灭火器直接往人体上放射，由于这样做很轻易使烧伤的创面沾染细菌。如果皮肤被烧伤，要防止感染。

2）如果人身上溅上油类着火，其燃烧速度快，火苗较长，温度较高，人体的裸露部分如手、脸和颈部等也会被烧着。尤其在夏季，衣服单薄，一旦着火便会直接烧到肉体。在这种情况下，伤者精神过度紧张而不能自救，因疼痛难忍便本能地以跑动来逃脱。发生此种情况，在场的同志应立即制止跑动或将其按倒，可用毛毡、海草、石棉布或棉衣、棉被等，用水浸湿盖在着火人的身上，使之空气不足而灭火，也可使用1211或干粉灭火器灭火（不要对面部）。女同志身上着火，也不要有其他顾虑，该脱衣服的应立即脱掉，不得迟疑，以减轻伤者痛苦。

3）化纤衣服着火比布料衣服着火危害更大。它不但燃烧速度快，而且容易粘在皮肤上，给治疗带来困难，给伤者增加更大的痛苦。在危险场所穿、脱化纤衣物，会因静电放电造成爆炸着火事故。因此，从事石油化工生产的企业，上班时严禁穿此类服装。

4）在现场抢救烧伤患者，应特别注意保护烧伤部位，不要将皮肤碰破，以防感染。尤其对大面积烧伤的患者，因伤势过重会出现休克。此时，伤者的舌头容易收缩而堵塞咽喉，发生窒息死亡。在场人员应将伤者嘴巴撬开，把舌头拉出，保证呼吸畅通。同时用被褥将伤者轻轻地裹起，送往医院治疗。

33. 论述电机接地线有何作用？

答： 电机接地线与电机壳连通，当电机外壳带电时，可以通过接地线与大地形成回路，防止触电事故的发生，以及防止雷、电、静电等损坏设备。

34. 引起电动机着火的原因主要有哪些？

答： 引起电动机着火的原因可归纳为以下几点：

1）电动机过负荷运行：如发现电动机外壳过热，电动机电流表所指示超过额定电流值，说明电动机已超载，必须迅速查明原因。如果电网电压过低，电动机也会产生过载！当电源电压低于额定电压80%时，电动机的转矩只有原转矩的64%，在这种情况下运行，电动机就会产生过载，引起绕组过热，烧毁电动机或引起周围可燃物着火。

2）电动机匝间或相间短路或接地（碰壳）：由于金属物体或其他固体掉进电动机内，或在检修时绝缘受损，绕组受潮，以及遇到过高电压时将绝缘击穿等原因，会造成电动机的相间短路或接地。

3）电动机接线处各接点接触不良或松动：接触电阻增大引起接点发热，接点越热氧化越迅速，接触电阻越大发热越严重。如此恶性循环，最后将电源接点烧毁产生火花电弧，损坏周围导线绝缘，造成短路，同时可将周围易燃易爆物品引燃引爆。

4）三相电动机单相运行：危害极大，轻则烧毁电动机，重则引起火灾。

5）机械摩擦：电动机在旋转过程中存在着轴承摩擦。轴承最高允许温度是：滑动轴承不超过80℃，滚动轴承不超过100℃，否则轴承会被磨损。轴承磨损后使转子定子互相摩擦发生扫膛。这时，摩擦部位温度可达1000℃以上，而使定子和转子的绝缘破坏，造成短路，严重时可产生火花电弧。

6）电动机接地不良：电动机正常运行时，机壳必须装有良好的接地保护。如无可靠的接地保护，电动机外壳就会带电，万一操作人员不慎触及外壳，会造成触电伤亡事故。

35. 爆炸的破坏作用大小与哪些因素有关？

答：爆炸的破坏作用大小与以下因素有关：
1）爆炸物的数量和爆炸物的性质。
2）爆炸时的条件，如震动大小、受热情况、初期压力和混合的均匀程度等。
3）爆炸位置，如在设备内部或在是自由空间，周围的环境和障碍物的情况等。

36. 爆炸的破坏力主要有哪几种表现形式？

答：爆炸的破坏力主要有以下表现形式：
1）震荡作用：在遍及破坏作用的区域内有一个使物体震荡，使之松散的力量。
2）冲击波：随着爆炸的出现，冲击波最初出现正压力，而后又出现负压力。负压力就是气压下降后的空气振动，称为吸收作用。爆炸物质的数量与冲击波的压力成正比例，而冲击波压力与距离成反比例关系。
3）碎片的冲击：机械设备爆炸以后，变成碎片飞出，会在相当广的范围内造成危害，碎片一般在 100~500m 内飞散。
4）造成火灾：一般爆炸气体扩散只发生在极其短促瞬间。对一般物质来说，不足以造成火灾。但是在设备破坏之后，从设备内流散到空气中的可燃气体或液体的蒸汽将遇其他火源（电火花、碎片打击金属的火花等）而被点燃，在爆炸现场燃起大火，加重爆炸的破坏力。

37. 有火灾、爆炸危险的石油化工原料和产品，可分为哪几类？

答：从安全消防的角度出发，有火灾、爆炸危险的石油化工原料和产品，可分为爆炸性物质、氧化剂、可燃气体、自燃性物质、遇水爆炸物质、易燃与可燃液体、易燃与可燃固体七大类。

38. 什么叫静电？

答：当两种不同性质的物体相互摩擦或紧密接触迅速分离时，由于它们对电子的吸引力大小各不相同，就会发生电子转移。若甲物失去一部分电子而呈正电性，则乙物获得一部分电子而带上负电性。如果该物体与大地绝缘，则电荷无法泄漏，停留在物体的内部或表面呈相对静止状态，这种电荷就称静电。

39. 静电的危害有哪些？

答：静电的危害有：1）静电火花作为引火源而导致燃烧爆炸。
2）静电作用会危及产品的质量和人身安全。
3）静电电击。

40. 什么是雷电？雷电是如何分类的？

答：雷电是雷云层接近大地时，地面感应出相反电荷，当电荷积聚到一定程度，产生云和云间以及云和大地间放电，并发出光和声的现象。

根据雷电的不同形状，大致可分为片状、线状和球状三种形式；从危害角度考虑，雷电可分为直击雷、感应雷(包括静电感应和电磁感应)和球形雷。按雷云发生的机理来分，有热雷、界雷和低气压性雷。

41. 如何预防摩擦与撞击？

答：机器中轴承等转动部分的摩擦、铁器的相互撞击或铁器工具打击混凝土地面等，都可能产生火花，当管道或铁容器裂开，物料喷出时，也可能因摩擦而起火。

1）轴承应保持良好的润滑，并经常清除周围的可燃油垢。
2）凡是撞击的部分，应采用两种不同的金属制成，例如黑色金属与有色金属。
3）不准穿带钉子的鞋进入易燃易爆区。不能随意抛掷、撞击金属设备、管线。

42. 触电后的急救方法是什么？

答：触电后急救的要点是动作迅速，救护得法。切不可惊慌失措，束手无措策。发现有人触电，首先要尽快使触电者脱离电源，然后根据触电者的情况，进行相应的救治。

人触电后，会出现精神神经麻痹，呼吸中断，心跳停止等症象。如呈现昏迷不醒的状态，不应认为是死亡，而应看作是假死，并且迅速而持久地进行抢救。一般来说抢救越快，救活率越高，如果触电后12h以上未施救者，救活率很低。现场急救方法是人工呼吸法和胸外心脏挤压法。在医生指导下可慎用肾上腺素。因为肾上腺素有使停止跳动的心脏恢复跳动的作用，但对于心脏已跳动者则不能使用。只有在证实心脏确实停止跳动时，才允许使用肾上腺素。如果在触电的同时发生外伤伤口出血，应予以止血。为了防止伤口感染，最好予以包扎，其他对症处理。

43. 什么是安全装置？

答：安全装置是为预防事故所设置的各种检测、控制、联锁、防护、报警等仪表、仪器装置的总称。

44. 安全装置如何进行分类？

答：按其作用不同，安全装置可分为以下七类：
1）检测仪器：如压力表、温度计等。
2）防爆泄压装置：如安全阀、爆契片等。
3）防火控制与隔绝装置：如阻火器、安全液封等。
4）紧急制动，联锁装置：如紧急切断阀、止逆阀等。
5）组分控制装置：如气体组分控制装置、液体组分控制装置等。
6）防护装置与设施：如起重设备的行程和负荷限制装置、电气设备的防雷装置等。
7）事故通信、信号及疏散设施：如电话、报警等。

45. 在易燃易爆的生产设备上动火检修，应遵守哪些安全要求？

答：在易燃易爆的生产设备上动火检修，应遵守以下安全要求：
1）切断与生产设备相连通部分，关闭阀门，加上盲板，做好隔离防火措施。

2）用惰性气体进行置换，分析易燃易爆气体含量小于0.5%，氧含量<0.5%，用空气置换惰性气体20%<氧含量<22%，以动火前30min分析数据为准；如果要进入容器内动火，有毒气体应符合卫生浓度，氧含量大于20%小于22%。

3）火票经有关主管领导人签字批准，超过动火时间，必须重新进行取样分析，合格和批准后方可再次动火。

46. 用火监护人的职责是什么？

答：用火监护人职责：对用火现场安全措施落实后的用火安全负责。

1）用火监护人员必须掌握当前的工艺条件和生产工艺情况，熟悉动火现场环境。

2）用火监护人必须熟悉初期火灾的扑救方法，熟练使用各种消防器材。

3）接到火票后，应逐条检查各项安全措施的落实情况，核实具体动火部位，确认无疑后，在火票上签名允许动火。

4）监护人应做到持票监护。动火期间，不得离开现场，要随时注意现场情况，遇有险情，立即采取有效措施，防止事故发生。

5）在动火结束或中断时，监护人应协助用火人清除火种，对现场进行检查确认后，方可离开。

47. 安全用火管理制度规定：用火部位必须用盲板与其设备、管线隔绝，所用盲板应用钢板制成，盲板的厚度如何选择？

答：盲板的厚度视其管线大小而定，如公称直径小于或等于150mm的盲板厚度不小于3mm；公称直径150~250mm的盲板厚度不小于5mm；公称直径250~300mm的盲板厚度不小于6mm；公称直径大于400mm的盲板厚度不小于10mm。

48. "三废"指的是什么？

答："三废"是指废水、废气、废渣。

49. 水污染指什么？

答：水污染是指水体因某种物质的介入，而导致其化学、物理、生物或者放射性等方面特性的改变，从而影响水的有效利用，危害人体健康或者破坏生态平衡，造成水质恶化的现象。

50. 水污染主要有哪几类物质？

答：水污染主要有油的污染，酚、氰化物、硫化物的污染，酸碱的污染，重金属的污染，固体、悬浮物的污染，有机物的污染，营养物质的污染和热污染。

51. 发生污染事故要坚持"三不放过"，其原则是什么？

答：发生污染事故要坚持"三不放过"原则是：事故原因分析不清不放过；事故责任者和群众没有受到教育不放过；没有防范措施不放过。

52. 污染事故的定义是什么?

答：凡是由于生产装置、储运设施和"三废"治理设施排放的污染物严重超过国家规定而污染和破坏环境或引起人员中毒伤亡，造成农、林、牧、副、渔业较大的经济损失的事故，均称为污染事故。

53. 何为环境保护?

答：环境保护是指运用现代环境科学的理论和方法，在更好地利用自然资源和经济建设的同时，深入认识和掌握污染和破坏环境的根源和危害，有计划的保护环境，预防环境质量的协调发展，提高人类的环境质量和生活质量。

54. 什么是职业病?

答：职业病系指劳动者在生产劳动及其他职业活动中，接触职业性有害因素引起的疾病。

55. 国家规定的职业病范围分哪几类?

答：国家规定的职业病范围分为：
1）职业中毒。
2）尘肺。
3）物理因素职业病。
4）职业性皮肤病。
5）职业性传染病。
6）职业性眼病。
7）职业性耳鼻喉疾病。
8）职业性肿瘤。
9）其他职业病。

56. 什么是中毒?

答：毒物侵入人体后，损坏身体的正常生理机能，使人体发生各种病态，这就叫中毒。

57. 毒物是如何进入人体的?

答：一般，毒物进入人体的途径有三条：
1）呼吸道：呈气体、蒸汽、气溶胶（粉尘、烟、雾）状态的毒物可以经呼吸道进入人体。进入呼吸道的毒物，一般可通过肺泡直接进入血液循环，其毒作用大，毒性发作快。如硫化氢、一氧化碳、铅烟等毒物均可通过呼吸道进入人体。
2）皮肤：脂溶性大的毒物可经皮肤吸收。因为脂溶性大的毒物可透过表皮屏障到达真皮，从而进入血循环。另外，有些金属如汞也可透过表皮屏障而被吸收；当皮肤有病损时，一些不被完整皮肤吸收的毒物也可被大量吸收；一些气态毒物如氰化氢，在浓度较高时也可经皮肤吸收。

3）消化道：因消化道进入人体而致职业中毒的较少，一般是误服或个人卫生习惯不好而进入口腔吸收的。

58. 硫化氢的重要理化性质是什么？

答：硫化氢是一种无色、低浓度下具有臭鸡蛋气味的可燃性剧毒气体，分子式为 H_2S，相对分子质量为 34.08，密度为 $1.539kg/m^3$，相对密度为 1.19，纯硫化氢在空气中 246℃ 或在氧气中 220℃ 即可燃烧，与空气混合会爆炸，其爆炸极限为 4.3%~45.5%。H_2S 可微溶于水，硫化氢是一种二元弱酸。在 20℃ 时 1 体积水能溶解 2.6 体积的硫化氢，生成的水溶液称为氢硫酸。氢硫酸是不稳定的，易被水溶液中氧氧化，而使其 H_2S 溶液呈混浊（单质硫易析出）。

59. 简述硫化氢在空气中燃烧的情况。

答：硫化氢在空气中燃烧带有淡蓝色火焰，在供氧量不同的情况下，燃烧后会得到不同产物。

过氧情况下：$H_2S+3/2O_2 \rule[0.5ex]{1.5em}{0.4pt} H_2O+SO_2+Q$

氧不足情况下：$H_2S+1/2O_2 \rule[0.5ex]{1.5em}{0.4pt} H_2O+S+Q$

H_2S 具有较强的还原能力，在常温下，H_2S 也能在空气中发生氧化反应，因此 H_2S 是强还原剂。

缓慢 $2H_2S+O_2 \rule[0.5ex]{1.5em}{0.4pt} 2H_2O+2S+Q$

60. 简述硫化氢与金属的反应情况。

答：H_2S 能与大多数金属反应生成硫化物，特别是在加热或水蒸气存在的情况下也能和其他氧化物质生成硫化物。

如：$2H_2S+Fe \longrightarrow FeS\downarrow+2H_2\uparrow$

H_2S 能严重腐蚀钢材（设备、管道等），因此在停工吹扫过程中，一般选用氮气作为吹扫介质，其目的就是防止在水蒸气存在的情况下 H_2S 加速与金属作用产生腐蚀。

61. 在装置区内硫化氢最高允许浓度为多少？

答：在装置区内硫化氢最高允许浓度为 10ppm。

62. 硫化氢中毒的原因及作用机理？

答：硫化氢是一种无色有特殊臭味（臭鸡蛋味）的气体，属 Ⅱ 级毒物，是强烈的神经毒物，对黏膜有明显的刺激作用。低浓度时，对呼吸道及眼的局部刺激作用明显；浓度越高，全身性作用越明显，表现为中枢神经系统症状和窒息症状。人吸入浓度达 $1500mg/m^3$ 的硫化氢气体，历时 1min 内就能引起急性中毒并致死。硫化氢的局部刺激作用，是由于接触湿润黏膜与钠离子形成的硫化钠引起的。当游离的 H_2S 在血液中来不及氧化时，则引起全身中毒反应。目前认为，硫化氢在全身作用是通过与细胞色素氧化酶中三价铁及这一类酶中的二硫键起作用，使酶失去活性，影响细胞氧化过程，造成细胞组织缺氧。由于中枢神经系统对缺氧最为敏感，因此首先受害。高浓度时则引起颈动脉窦的反射作用使呼吸停止；更高浓度也可直接麻痹呼吸中枢而立即引起窒息，造成"电击样"中毒。车间空气最高允许浓度为 $15mg/m^3$。

63. 能否依靠臭味强弱来判断硫化氢浓度的大小?

答：对硫化氢，人的嗅觉阈为 $0.012 \sim 0.03mg/m^3$，起初臭味的增强与浓度的升高成正比，但当浓度超过 $10mg/m^3$ 之后，浓度继续升高臭味反而减弱。在高浓度时，很快引起嗅觉疲劳而不能察觉硫化氢的存在，故不能依靠其臭味强弱来判断硫化氢浓度的大小。

64. 硫化氢对人体的危害程度和其浓度的关系?

答：硫化氢对人体的危害程度和其浓度的关系见表 1-1。

表 1-1 硫化氢对人体的危害程度和其浓度的关系

浓度/(mg/m^3)	接触时间	毒性反应	危害等级
1400	顷刻	嗅觉立即疲劳，昏迷并呼吸麻痹而死亡	重度
1000	数秒钟	很快引起急性中毒，出现明显的全身症状，呼吸加快，很快因呼吸麻痹而死亡	
760	$15 \sim 60min$	可引起生命危险，发生肺水肿、支气管炎及肺炎、头痛、头晕、激动、呕吐、咳嗽、喉痛、排尿困难等症状	
300	1h	出现眼和呼吸道刺激症状，能引起神经抑制，长时间接触，可引起肺水中度	中度
$70 \sim 50$	$1 \sim 2h$	眼部及呼吸出现刺激症状，吸入 $2 \sim 2.5min$，即发生嗅觉疲劳，不再嗅到气味，长期接触可引起亚急性和慢性结膜炎	轻度
$30 \sim 40$		虽臭味强烈，仍能忍耐，这是引起局部刺激和全身性症状的阈浓度	
$4 \sim 7$		中等强度的臭味	无危害
0.4		明显嗅出	
0.035		嗅觉阈	

65. 急性硫化氢中毒的症状有哪些?

答：发生硫化氢急性中毒大致可分为三种轻度、中度、重度中毒。

轻度中毒时以刺激症状为主，如眼刺痛、畏光、流泪。流涕、鼻及咽喉烧灼感，可有干咳和胸部不适、结膜充血、呼出气有臭鸡蛋味等，一般数日内可逐渐恢复。

中度中毒时中枢神经系统症状明显，头痛、头晕、心悸、乏力、呕吐、分泌失调等，刺激症状也会加重。

重度中毒时可在数分钟内发生头晕、心悸，继而出现躁动不安、抽搐、昏迷，有的出现肺水肿并发肺炎，严重者很快发生"电击型"死亡。

66. 硫化氢中毒的急救方法是什么?

答：硫化氢中毒的急救方法是：

1）救护者进入毒区抢救中毒病人必须戴防毒面具。

2）对中毒病人，迅速转移到空气新鲜地方，有窒息症状时应进行人工呼吸，在病人没有好转之前，人工呼吸不可轻易放弃。

3）迅速向厂医院打急救电话，并报告调度。

4）医生赶到后，协助医生抢救。

67. 预防硫化氢中毒有哪些措施？

答：预防硫化氢中毒的措施有：

1）采用密闭隔离操作，加氢废气采用湿法脱硫，废水密封排入含硫污水管网，提高设备严密性，使空气中硫化氢浓度降低到 10ppm 最高允许浓度以下。

2）进入下水井、电缆沟工作，应采取安全措施。

3）可用醋酸铅试纸来检查硫化氢存在，当醋酸铅试纸成棕蓝色，说明浓度很高，应引起注意。单凭嗅觉来发现硫化氢不是绝对可靠的，虽然这种气体有明显的恶臭（腐败蛋臭），但它往往麻痹神经，使人吸入后感觉不出来，吸入较高浓度的硫化氢更是如此。

68. 简要叙述硫黄的重要理化性质。

答：硫黄是一种淡黄色脆性晶体，具有特殊臭味，不溶于水，微溶于乙醇和乙醚，易溶于二硫化碳、四氯化碳和苯，能与氧、氢、卤素（碘除外）和大多数金属化合，生成离子型化合物或共价型化合物。相对分子质量为 32.066，密度为 $1.92 \sim 2.07 \text{g/cm}^3$，熔点 $112 \sim 119℃$，闪点 $207℃$，沸点 $444.6℃$。温度变化时，可发生气、液、固三态转变。自燃点 $246 \sim 248℃$，在空气中接触明火即可燃烧，燃烧时发生蓝色火焰，生成二氧化硫，粉末与空气或氧化剂混合易发生燃烧，甚至爆炸。

69. 随着温度变化硫黄的黏度和存在形态（外观）如何改变？

答：1）当硫黄被加热时，分子结构发生变化，当加热到 $160℃$ 时，S_8 的环状开始破裂为开链，随之黏度升高，加热到 $190℃$ 时黏度最大，继续加热时，长链开始发生断裂，黏度又重新下降。在 $130 \sim 160℃$ 之间液体硫黄的流动性最好。在硫蒸汽里存在着下列平衡：$3S_8 \Longrightarrow 4S_6 \Longrightarrow 12S_2$，随着温度的升高，平衡逐渐向右移动，当接近 $760℃$ 时，几乎全部转变为 S_2。

2）存在形态（外观）的变化情况：$112.8℃$ 以下为黄色固体，$112.8 \sim 250℃$ 为黄色流动液体，$250 \sim 300℃$ 为暗棕色黏稠液体，$300 \sim 444.6℃$ 暗棕色流动液体，$444.6 \sim 650℃$ 为橙黄色气体，$650 \sim 1000℃$ 为草色气体，$1000℃$ 以后为无色气体。

70. 简述硫的几种主要同素异形体，并指明存在这种同素异形体的温度。

答：硫的同素异形体主要有斜方晶硫和单斜晶硫，单斜晶硫存在于 $95.6 \sim 119℃$，斜方晶硫主要存在于 $95.6℃$ 以下温度。

71. 硫黄的危害有哪些？

答：硫黄毒性很低，生产中不致引起急性中毒。硫在胃内无变化，但在肠内大约有

10%转化为硫化氢而被吸收。大量内服(10~20g)可引起硫化氢中毒的临床表现。生产中长期吸入硫粉尘一般无明显毒性作用，国外有"硫尘肺"和支气管炎伴肺气肿的报道。硫粉尘有时引起眼结膜炎。硫与皮肤分泌物接触，可形成硫化氢和五硫黄酸，对皮肤有弱刺激性，敏感者皮肤可引起湿疹。能经无损皮肤吸收。

72. 简述二氧化硫的重要理化性质。

答：二氧化硫是具有强烈刺鼻的窒息气味和强烈涩味的无色有毒气体，分子式 SO_2，相对分子质量是 64.06，SO_2 易冷凝，常压下冷至 $-10℃$ 或常温下加压至 405.2kPa 即可液化，故 SO_2 可做制冷剂，熔点：$-76.1℃$，沸点：$-10.02℃$。$20℃$ 时，一体积水可以溶解 40 体积 SO_2 气体，SO_2 水溶液生成亚硫酸(H_2SO_3)，呈中强酸，所以在有水或水蒸气存在的情况下，SO_2 比 H_2S 更易腐蚀钢材，同时与水生成的亚硫酸也会缓慢氧化成硫酸；溶于乙醇、乙醚、氯仿、甲醇、硫酸和醋酸；不燃，也不助燃，车间空气最高容许浓度为 $15mg/m^3$。

73. 用化学反应式说明二氧化硫的氧化、还原二重性。

答：SO_2 具有氧化性，又具有还原性。

如：$2H_2S+SO_2 = 2H_2O+3/xSx$ （注：x 为 2，6，8）

$2SO_2+O_2 = 2SO_3$

74. 简述二氧化硫对人体的危害。

答：二氧化硫属中等毒类。中毒症状主要由于其在黏膜上生成亚硫酸和硫酸的强烈刺激作用所致。既可引起支气管和肺血管的反射性收缩，也可引起分泌增加及局部炎症反应，甚至腐蚀组织引起坏死。大量吸入二氧化硫可引起肺水肿、喉水肿、声带痉挛而窒息。空气中二氧化硫对人体的危害见表1-2。

表1-2 不同浓度二氧化硫毒性情况

浓度/(mg/m^3)	毒性影响
5240	立即产生喉头痉挛、喉水肿而致窒息
1050~1310	即使短时间接触也有危险
400	吸入5min一次接触限值(试拟数值)
200	吸入15min一次接触限值(试拟数值)
125	吸入30min一次接触限值(试拟数值)
50	开始引起眼刺激症状和窒息感
20~30	立即引起喉部刺激的阈浓度
8	约有10%的人可发生暂时性支气管收缩
3~8	连续吸入120h无症状，肺功能绝大多数指标无变化
1.5	绝大多数人的嗅觉阈

75. 简述二氧化硫的中毒表现及处理措施。

答：（1）中毒表现：

① 急性中毒：主要引起呼吸道和眼的刺激症状，如流泪、畏光、鼻、咽、喉部烧灼样痛，咳嗽、声音嘶哑，甚至有呼吸急促、胸痛、胸闷；有时还出现头痛、头昏、全身无力及恶心、呕吐、上腹痛等。检查可见结膜和鼻咽黏膜明显充血，鼻中隔软骨部黏膜可有小块发白的灼伤，肺部可有弥漫性干湿啰音。严重时可于数小时内发生肺水肿而出现呼吸困难，甚至可因合并细支气管痉挛而引起急性肺气肿。吸入极高浓度时可立即引起反射性声门痉挛而窒息。

② 灼伤：液态二氧化硫可引起皮肤及眼灼伤，溅入眼内可立即引起角膜混浊，浅层细胞坏死。严重者角膜形成瘢痕。

③ 慢性影响：可有头痛、头昏、乏力、嗅觉和味觉减退，常发生鼻炎、咽喉炎、支气管炎。个别诱发支气管哮喘。较常见的消化道症状有牙齿蚀症、恶心、胃部不适、食欲不振等。长期接触可产生气肿。

（2）急救措施：

① 急性中毒：可给 2%~5% 碳酸氢钠溶液喷雾吸入，每日 2、3 次，每次 10min。防治肺水肿和继发感染，见表 1-3。

表 1-3　不同浓度二氧化硫浓度对人体影响情况

浓度/（mg/m³）	接触时间/min	人体反应	危害程度
3500~7000	30	即刻死亡	重度
1750~3500		危及生命	
700		立即咳嗽	
553		强烈刺激，可耐受 1.25min	
175~350	20	鼻眼刺激，呼吸和脉搏加速	中等
140~210		有明显不适，但尚可工作	
140	30	鼻和上呼吸道不适，恶心、头痛	轻度
70	30	呼吸变慢	
67.2	45	鼻、咽有刺激感，眼有灼痛感	
9.8		无刺激作用	无
0.7		感觉到气味	

② 眼损伤：滴入无菌液体石蜡或蓖麻油以减轻刺激症状，如液态二氧化硫溅入眼内，必须用大量生理盐水或温水冲洗，滴入醋酸可的松眼药水和抗生素。角膜损伤时及早眼科处理。

76. 简述氨的重要理化性质。

答：氨分子式为 NH_3，相对分子质量为 17.03，氨为无色具有强烈刺激气体，俗称阿莫尼亚，密度 0.77kg/m³，相对密度 0.596。氨易溶于水，在常温下加压即可使其液化(临界温度 132.4℃，临界压力 112.2 大气压)，沸点 -33.5℃，其水溶液称为氨水，呈碱性。还可溶于乙醇、乙醚，有还原作用，在催化剂作用下氧化为一氧化氮。高温下可分解成氮和氢。

77. 简述氨的毒性及对人体的危害。

答：氨属Ⅳ级毒物，主要是对呼吸道有刺激和腐蚀作用。氨与人体潮湿部位的水分作用生成高浓度氨水，可导致皮肤的碱性灼伤，如溅到眼睛可致失明。浓度过高时可使中枢神经系统兴奋性增强，引起痉挛，通过三叉神经末梢的反射作用引起心脏停搏和呼吸停止。

人对氨的嗅觉阈为 $0.5 \sim 1mg/m^3$。大于 $350mg/m^3$ 的场所无法工作。车间空气最高允许浓度为 $10mg/m^3$。

78. 简述氨的中毒表现及急救措施。

答：1）氨中毒发生于意外事故。接触氨后，患者眼和鼻有辛辣和刺激感，流泪，咳嗽，喉痛，出现头痛、头晕、无力等全身症状。重度中毒时会引起中毒性肺水肿和脑水肿，可引起喉头水肿、喉痉，发生窒息，如抢救不及时，会有生命危险。氨中毒严重损害呼吸道和肺组织，抢救时严禁使用压迫式人工呼吸法。液氨溅入眼内，应立即拉开眼睑，使氨水流出，并立即用水清洁。

2）急救措施：急性中毒应立即脱离现场，吸氧，控制肺水肿发生，保持呼吸道畅通。治疗过程要防止喉头水肿或痉挛，防止溃烂的气管内脱落而造成窒息（这种情况容易在中毒后 $24 \sim 48h$ 内发生）。皮肤污染和灼伤，可用大量水及时冲洗，再用硼酸溶液洗涤，此后按一般灼伤处理。眼灼伤应及早用水冲洗，用 $1\% \sim 3\%$ 硼酸水冲洗眼睛，然后点抗生素及可的松眼药水。

79. 简述二氧化碳的重要理化性质。

答：二氧化碳俗名为碳酸气，分子式为 CO_2，相对分子质量44，无色无味气体，有水分时呈酸味，密度 $1.977kg/m^3$，相对密度1.53，溶于水，部分生成碳酸，化学性质很稳定，它是在燃烧过程中生成的。对于硫黄装置来说，CO_2 主要有两个来源，一是酸性气含有一定量的 CO_2，另一个是烃类燃烧产生的。

80. 简述甲烷、乙烷的理化性质。

答：1）甲烷：分子式 CH_4，相对分子质量16.04，自燃点：在空气中 $650 \sim 750℃$，在氧气中 $560 \sim 700℃$；爆炸范围：在空气中 $5\% \sim 15\%$，在氧气中 $5.4\% \sim 59.2\%$；密度为 $0.717kg/m^3$，相对密度为0.55，闪点 $<-66.7℃$，自燃点 $645℃$。在高温下和足够空气燃烧，能够完全氧化，生成二氧化碳和水，反应过程中放出大量热。

$$CH_4 + 2O_2 \longrightarrow CO_2 + 2H_2O + 890kJ/mol$$

2）乙烷：分子式 C_2H_6，相对分子质量30.07，燃点：在空气中 $472℃$，在氧气中 $630℃$；爆炸范围：在空气中 $3.2\% \sim 12.5\%$；密度为 $1.357kg/m^3$，相对密度为1.05，闪点 $<-66.7℃$，自燃点 $530℃$。在足够的空气中燃烧生成二氧化碳和水，反应过程中放出大量热。

$$C_2H_6 + 7/2O_2 \longrightarrow 2CO_2 + 3H_2O + Q$$

81. 简述氢气的重要理化性质。

答：氢气分子式为 H_2，相对分子质量2.016，密度 $0.0898kg/m^3$，自燃点 $510℃$，爆炸

极限 4.1%~74.2%（V）。氢气在空气中和氧气反应生成水并放出大量的热。

82. 简述羰基硫的理化性质。

答：羰基硫的分子式为 COS，相对分子质量为 60.07，是一种无色无味、易燃气体，与空气混合时能发生爆炸，爆炸极限上限 29%，下限 11.9%，相对密度 2.1，熔点 -138.2℃，沸点 -50.2℃。COS 稍溶于水，易溶于二氧化碳和乙醇，能被水解成二氧化碳和硫化氢：$COS+H_2O \longrightarrow CO_2+H_2S$，因此，COS 如果存在于潮湿的空气中也能闻到硫化氢气味。

83. 简述空气呼吸器的组成、使用方法和注意事项。

答：空气呼吸器是由背板、钢瓶、供量需求阀、面罩几部分组成。

使用方法：

1）穿戴装具：背上装具，通过拉肩带上的自由端调节肩带的松紧直到感觉舒适为止。

2）扣紧腰带：插入带扣收紧要带将肩带的自由端系在背带上。

3）佩戴全面罩：

① 瓶阀门，关闭需求阀，观察压力表读数，气瓶压力不低于 24MPa。

② 头带，拉开面罩头带，从上到下把面罩套在头上。

③ 面罩位置，使下巴进入面罩体凹形处。

④ 紧颈带，然后手紧边带，如果不适可调节头带松紧。

4）检查面罩泄漏及呼吸器的性能：

① 瓶阀关闭，吸气直到产生负压，空气应不能从外面进入面罩内，如能进入，再收紧扣带。

② 面罩的密封件与皮肤紧密黏合，是面罩密封的唯一保证，必须保证密封面没有头发等毛状物。

③ 做几次深呼吸检查供气阀性能，吸气和呼气都应舒畅，没有不适的感觉。

④ 投入使用。

5）注意事项：

① 呼吸时应经常观察压力表读数，压缩空气用至 5MPa，报警器报警压力时，报警器不断发出声音。

② 发出声响时，必须立即撤离。

84. 如何抢救治疗中暑病人？

答：1）先兆中暑：在高温环境劳动中，若出现轻度头晕、头痛、大量出汗、口渴、耳鸣、恶心、四肢无力、体温正常或稍高（大于 37.5℃）应视为先兆中暑。发现病人后，应将患者移至通风良好的荫凉处休息，擦去汗液，给予适量的浓茶、淡盐水或其他清凉饮料，也可口服人丹、藿香正气丸。短时间内症状即可消失。

2）轻症中暑：除有先兆中暑症状外，还出现体温高于 38.5℃，面部潮红，皮肤灼热或出现面色苍白、大量出汗、恶心呕吐、血压下降、脉搏加快等呼吸循环衰竭的早期症状时，需立即离开高温环境，除按先兆中暑处理外，应急送医院，静脉滴注 5% 葡萄糖生理盐水补充水盐损失，并给予对症治疗。

3）重症中暑：除具有轻症中暑症状外，在劳动中突然晕倒或痉挛，或皮肤干燥无汗，体温超过 40℃ 时应立即送到医院抢救。也可采用物理降温和药物降温，补充足量水分和钠盐，以纠正电解质混乱。必要时还应及时应用中枢兴奋剂，以抢救生命。

85. 如何预防氮气中毒？

答：氮气本身并无毒性，但人进入含有高浓度惰性气体的设备等环境中会因缺氧而窒息，如不及时抢救会导致死亡。进入含有高浓度氮气的设备作业时应佩戴空气呼吸器或供风式、长管式防毒面具。如发现有人窒息，应立即向设备里吹入压缩空气，并佩戴空气呼吸器或长管式防毒面具迅速将窒息者从设备中救出，移到空气新鲜的区域，如发生呼吸困难或停止呼吸者应进行人工呼吸，并及时拨打急救电话。

86. 生产性有毒物主要是通过哪些途径侵入人体的？

答：生产性有毒物主要通过呼吸道、消化道和皮肤三条途径侵入人体的。

87. 进入塔、罐、容器、下水井、地沟等处作业时，其工作环境的氧含量要求多少？

答：进入以上场所作业的氧含量应在 20% 以上。

第六节　腐蚀专业基础知识

1. 含硫化合物对石油加工及产品质量有哪些影响？

答：含硫化合物对石油加工及产品质量的影响有：
1）严重腐蚀设备和管线。
2）在加工过程中生成 H_2S 及低分子硫醇等有毒气体造成有碍人体健康的空气污染。
3）汽油中有含硫化合物，会降低汽油的感铅性及安定性，使燃料性质变坏。
4）在气体和多种石油馏分的催化加工时，造成催化剂中毒。
5）燃烧时生成 SO_2，造成环境污染，大量的 SO_2 排放一旦超出大气自净能力，无法扩散稀释时就形成酸雨而降落地面，引起土壤酸化，危害植物生长。

2. 什么是金属腐蚀？

答：金属腐蚀是指金属在周围介质的作用下能逐渐发生的物理化学损坏。

3. 按照腐蚀过程进行的条件，金属腐蚀可分为哪些？

答：按照腐蚀过程进行的条件，金属腐蚀可分为：气体腐蚀、非电解液中的腐蚀、在电解液中的腐蚀、土壤腐蚀或地下腐蚀、大气腐蚀、电腐蚀或外电流腐蚀、接触腐蚀、应力腐蚀、冲蚀、生物腐蚀共十种。

4. 影响金属腐蚀的因素有哪些？

答：影响金属腐蚀的因素，1）合金成分；2）变形及应力；3）金属表面粗糙度；4）介质

pH 值大小；5)溶液中盐浓度高低；6)温度；7)压力；8)腐蚀介质的运动速度。

5. 为什么粗糙的表面容易腐蚀？

答：粗糙的表面容易腐蚀的原因，1)粗糙的金属表面易产生氧浓差电池对金属进行腐蚀；2)粗糙表面的保护膜致密性较差，容易腐蚀；3)粗糙的表面积更大，极化性能小。

6. 酸对金属的腐蚀有何特点？

答：酸对金属的腐蚀特点是：非氧化性酸对金属腐蚀阴极过程纯粹是氢去极化过程；氧化性酸对金属腐蚀的阴极过程主要是氧化剂的还原过程。

7. 什么是缓蚀剂？

答：缓蚀剂是指添加到腐蚀介质中能减缓或降低金属腐蚀速度的物质。

8. 影响缓蚀作用的因素有哪些？

答：影响缓蚀作用的因素有缓蚀剂的浓度、温度和腐蚀介质的流速三种。

9. 缓蚀剂的分类有哪几种？分别是什么？

答：缓蚀剂的分类有：
（1）按化学结构分为无机缓蚀剂和有机缓蚀剂。
（2）按使用介质的 pH 值分为酸性介质（pH≤1~4）缓蚀剂、中性介质（pH=5~9）缓蚀剂和碱性介质（pH≥10~12）缓蚀剂。
（3）按介质性质分为油溶性缓蚀剂、水溶性缓蚀剂和气相缓蚀剂。

10. 超声波测厚选择检测点的原则是什么？

答：超声波测厚选择检测点的原则是：
1）管线弯头容易被造成冲刷腐蚀的部位：井口弯头、站内管线弯头、出站、进站管线弯头。
2）管线焊缝处。
3）管线低洼容易积液处。
4）管道、容器底部。
5）绝缘法兰两端 500mm 管段。

11. 什么是晶间腐蚀？

答：晶间腐蚀是金属材料在特定的腐蚀介质中沿着材料的晶界发生的一种局部腐蚀；在金属（合金）表面无任何变化的情况下，使晶粒间失去结合力，金属强度完全丧失，导致设备突发性破坏。

12. 化学腐蚀和电化学腐蚀的主要差别是什么？

答：化学腐蚀和电化学腐蚀的主要差别在于：化学腐蚀是金属直接与周围介质发生纯化

学作用而引起的腐蚀，腐蚀中没有自由电子的传递；电化学腐蚀是指金属在电解质溶液中由于原电池的作用而引起的腐蚀，腐蚀中有自由电子的传递。

13. 简述钝化产生的原因及钝化的意义。

答：钝化产生的化学因素是由强氧化剂引起的；电化学因素是外加电流的阳极极化产生的钝化。

钝化的意义：提高金属材料的钝化性能；促使金属材料在使用环境中钝化，有效控制腐蚀。

14. 腐蚀电池的反应通式是什么？

答：（1）阳极反应：通式：$M \longrightarrow M^{n+}+ne$；
（2）阴极反应：通式：$D+ne \longrightarrow [D \cdot ne]$。

15. 氧去极化腐蚀中氧的还原反应在酸性溶液及碱性溶液的反应式是什么？

答：（1）$O_2+4H^++4e \Longrightarrow 2H_2O$（酸性溶液中）；
（2）$O_2+2H_2O+4e \Longrightarrow 4OH^-$（碱性溶液中）。

16. 什么是缓蚀剂的成膜理论？

答：缓蚀剂的成膜理论认为，缓蚀剂能与金属或腐蚀介质的离子发生反应；结果在金属表面上生成不溶或难溶的具有保护作用的各种膜层，膜阻碍了腐蚀过程，起到缓蚀作用

17. 腐蚀电池的特点是什么？

答：腐蚀电池的特点是：
（1）腐蚀电池的阳极反应是金属的氧化反应，结果造成金属材料的破坏。
（2）腐蚀电池的阴、阳极短路，电池产生的电流全部消耗在内部，转变为热，不对外做功。
（3）腐蚀电池中的反应是以最大限度地不可逆方式进行。

18. 微观腐蚀电池的成因有哪些？

答：微观腐蚀电池的成因有：
1）金属化学成分的不均匀性。
2）金属组织的不均匀性。
3）金属表面物理状态的不均匀性。
4）同于金属表面膜不完整而产生的微电池。

19. 什么是硫化物应力开裂？

答：硫化物应力开裂是指由硫化氢腐蚀反应析出的氢原子，在硫化物的催化作用下，从表面向钢材中扩散，在拉伸应力作用下，在冶金缺陷区域富集，导致高强度钢、高应力构件的应力型开裂。

20. 如何消除应力？

答：消除应力的方法是：把金属加热到合适的温度，并且在这一温度下保持足够长的时间以减少残余应力，然后缓慢冷却尽量使新产生的残余应力降到最小。

21. 耐蚀合金和其他合金在含硫氢环境中的开裂行为受到哪些因素相互作用的影响？

答：耐蚀合金和其他合金在含硫氢环境中的开裂行为受到以下因素相互作用的影响：
1）材料的化学成分、强度、热处理、显微组织、制造方式和材料的最终状态。
2）硫化氢分压或其他在水相中的当量溶解浓度。
3）水相的酸度，氯离子或其他卤离子浓度。
4）氧、硫或其他氧化剂的存在，暴露温度。
5）材料使用环境中的抗点蚀性能，电偶的影响，总拉伸应力，暴露时间。

22. 什么是氢致应力开裂？

答：氢致应力开裂金属在有氢和拉应力存在的情况下出现的开裂。

23. 什么是极化电位？什么是腐蚀电位？

答：极化电位是在构筑物/电解介质界面处的电位，是腐蚀电位与阴极极化电位值之和。腐蚀电位是在开路条件下，处于电解介质中腐蚀表面相对于参比电极的电位。

24. 设备、管线防腐涂料层的基本性能要求是什么？

答：设备、管线防腐涂料层的基本性能要求是：
（1）高绝缘性。
（2）足够的机械强度。
（3）良好的稳定性。
（4）抗微生物腐蚀性能好。
（5）防腐层破坏后易修复。
（6）对环境无污染。

25. 随加热温度的不同，冷变形金属在加热时组织与性能的变化，大致分为哪几个阶段？

答：随加热温度的不同，冷变形金属在加热时组织与性能的变化，大致分为三个阶段：1)恢复；2)再结晶；3)晶粒长大。

26. 影响材料腐蚀疲劳的主要因素是什么？

答：影响材料腐蚀疲劳的主要因素是：1)力学；2)环境；3)材料。

27. 铁素体的机械性能特点有哪些？

答：铁素体的机械性能特点有强度低、塑性好、硬度低。

28. 在线腐蚀监测系统一条总线监测点通信故障的几种常见原因是什么？

答：在线腐蚀监测系统一条总线监测点通信故障的常见原因可能有：

1）电线短路。

2）监测点某一个或多个仪器损坏。

3）某一个监测点通信故障。

4）仪器进水导致数据通信故障。

5）线路布设不合理。

29. 腐蚀监测方式一般包括哪几种？

答：腐蚀监测方式一般包括：在线监测（在线 pH 计、高温电感或电阻探针、低温电感或电阻探针等）、化学分析、定点测厚、腐蚀挂片等。

30. 什么是热脆？什么是冷脆？

答：热脆：S 在钢中以 FeS 形成存在，FeS 会与 Fe 形成低熔点共晶，当钢材在 1000～1200℃ 温度下加工时，会沿着这些低熔点共晶体的边界开裂，钢材将变得极脆，这种脆性现象称为热脆；

冷脆：P 使室温下钢的塑性、韧性急剧降低，并使钢的脆性转化温度有所升高，使钢变脆，这种现象称为冷脆。

31. 金属材料的主要腐蚀类型有哪些？

金属材料的主要腐蚀类型有均匀腐蚀、晶间腐蚀、选择性腐蚀、应力腐蚀破裂、腐蚀疲劳、点腐蚀、缝隙腐蚀、电偶腐蚀、磨损腐蚀、氢腐蚀。

32. 钢的热处理操作有哪些基本类型？

答：钢的热处理包括普通热处理和表面热处理。普通热处理包括退火、正火、淬火和回火；表面热处理包括表面淬火和化学热处理。表面淬火包括火焰加热表面淬火和感应加热表面淬火；化学热处理包括渗碳、渗氮和碳氮共渗等。

33. 简述退火、正火、淬火、回火、冷处理、时效处理（尺寸稳定处理）。

答：1）退火：将工件加热到临界点以上或在临界点以下某一温度保温一定时间后，以十分缓慢的冷却速度（炉冷、坑冷、灰冷）进行冷却的一种操作。

2）正火：将工件加热到 Ac3 或 Acm 以上 30～80℃，保温后从炉中取出在空气中冷却。

3）淬火：将钢件加热到 Ac3 或 Ac1 以上 30～50℃，保温一定时间，然后快速冷却（一般为油冷或水冷），从而得马氏体的一种操作。

4）回火：将淬火钢重新加热到 A1 点以下的某一温度，保温一定时间后，冷却到室温的一种操作。

5）冷处理：把冷到室温的淬火钢继续放到深冷剂中冷却，以减少残余奥氏体的操作。

6）时效处理：为使二次淬火层的组织稳定，在 110～150℃经过 6～36h 的人工时效处理，以使组织稳定。

34. 影响腐蚀的材料因素、环境因素及结构因素分别有哪些?

答：影响腐蚀的材料因素有：金属的种类、合金元素与杂质、表面状态、内应力、热处理、电偶效应；环境因素有：去极剂种类与浓度、溶液 pH 值、温度、流速、溶解盐与阴、阳离子；设备结构因素有：应力、表面状态与几何形状、异种金属组合、结构设计不合理等。

35. 金属氢脆中氢的来源有哪些?

答：金属氢脆中的氢来源于两个方面：一是内氢，即由冶炼、焊接、酸洗、电镀、阴极充电等过程，致使金属内部含有氢；二是外氢，即在氢气或致氢气体（如 H_2O、H_2S 等）中工作或由腐蚀的阴极过程中引入氢。

36. 氢脆可以分为哪两大类，并各举两例?

答：氢脆可分为两大类：第一类氢脆的敏感性随应变速率增加而增高；第二类氢脆的敏感性随应变速率增加而降低。属于第一类氢脆的有：①氢腐蚀，②氢鼓泡，③氢化物型氢脆；第二类氢脆有：①不可逆氢脆，②可逆氢脆。

37. 什么叫选择性腐蚀?

答：选择性腐蚀是指一种多元合金中较活泼组分的优先溶解，而金属表面则逐渐地富集成另一种组成。以黄铜腐蚀为例，黄铜即铜锌合金，锌被选择性溶解，而留下了多孔的富铜区，从而导致合金强度大大下降。

38. 简述疲劳腐蚀的概念、机理和控制。

答：疲劳腐蚀的概念：金属材料在循环应力或脉动应力和介质的联合作用下，引起的断裂腐蚀形态。

疲劳腐蚀机理：交变应力、脉动应力使金属表面形成滑移，由于挤压效应，使局部产生高温、裂缝而形成裂纹源，最后发展成为宏观腐蚀疲劳纹，直至断裂。

腐蚀疲劳的控制：选材、表面处理、阳极保护等。

39. 防止晶间腐蚀的措施有哪些?

答：防止晶间腐蚀的措施有：

1）改变介质的腐蚀性。

2）采用适当的工艺措施以尽量避免金属或合金在不适宜的温度受热。

3）采用低碳和高纯的不锈钢或合金，把碳、氮等含量降到合理水平。

4）在不锈钢中添加钛、铌等强碳化物形成元素，形成碳化钛和碳化铌，以减少晶界贫铬现象。

40. 防止冲刷腐蚀的措施有哪些？

答：防止冲刷腐蚀的措施有：

1）改进设计：可以通过增加管径、降低流速、避免流向急剧变化等，尽量使其在临界流速以下工作。

2）正确选材：根据工作条件、结构形状、使用要求、经济和工艺因素综合考虑进行选材。

3）控制环境：控制环境的温度、pH 值、氧含量，添加缓蚀剂，澄清和过滤流体中的固体颗粒，避免蒸汽水中冷凝水的形成。

4）表面处理与保护：渗镀、电镀、热喷涂和气相沉积等。

5）阴极保护：阴极保护抑制了电化学因素，也抑制了协同效应，减轻空泡腐蚀。

41. 什么是金属的自钝化？产生自钝化的必要条件是什么？

答：金属的自钝化是在没有任何外加极化的情况下，由于腐蚀介质的氧化剂（去极化剂）的还原引起的金属钝化。产生自钝化的必要条件是：氧化剂的氧化-还原平衡电位要高于该金属的致钝电位，在致钝电位下，氧化剂阴极还原反应的电流密度必须大于该金属的致钝电流密度。

42. 孔蚀的腐蚀特征是什么？

答：孔蚀的腐蚀特征是：

1）破坏高度集中。

2）蚀孔的分布不均匀。

3）蚀孔通常沿重力方向发展、蚀孔很小，而且往往覆盖有固体沉浮物，因此不易发现。

4）孔蚀发生或长或短的孕育期。

43. 应力腐蚀断裂的特征有哪些？

答：应力腐蚀断裂的特征有：

1）金属在无裂纹，无蚀坑或缺陷的情况下，应力腐蚀断裂过程可分为三个阶段：

① 萌生阶段，即由于腐蚀引起裂纹或蚀坑的阶段。

② 裂纹扩展阶段，即由裂纹源或蚀坑到达极限应力值为止的这一阶段。

③ 失稳断裂阶段，在有裂纹的情况下，应力腐蚀断裂过程只有裂纹扩展和失稳快速断裂两个阶段。

2）金属和合金腐蚀量很微小，腐蚀局限于微小的局部，同时产生应力腐蚀断裂的合金表面往往存在钝化膜或保护膜。

3）裂纹方向宏观上和主拉伸应力的方向垂直，微观上略有偏移。

4）宏观上属于脆性断裂，微观上，在断裂面上仍有塑性流变痕迹。

5）有裂纹分叉现象。断口形貌呈海滩条纹、羽毛状、撕裂岭、扇子形和冰糖块状图像。

6）应力腐蚀裂纹形态有沿晶型、穿晶型和混合型，视具体合金—环境体系而定。

44. 金属钝化有哪两种主要理论？

答：金属钝化有以下两种主要理论：

1）成相膜理论：这种理论认为，当金属阳极溶解时，可以在金属表面生成一层致密的、覆盖得很好的固体产物薄膜，这层产物膜构成独立的固相膜层，把金属表面与介质隔离开来，阻碍阳极过程的进行，导致金属溶解速度大大降低，使金属转入钝态。

2）吸附理论：吸附理论认为，金属钝化是由于表面生成氧或含氧粒子的吸附层，改变了金属/溶液界面的结构，并使阳极反应的活化能显著提高的缘故，即由于这些粒子的吸附，使金属表面的反应能力降低了，因而发生了钝化。

45. 什么是金属固溶体？金属固溶体有哪几种类型？

答：金属固溶体，就是两种或多种金属或金属化合物相互溶解组成的均匀物相，其中组分的比例可以改变而不破坏均匀性，少数非金属单质如 H、B、C、N 等也可溶于某些金属，生成的固溶体仍然具有金属特性。

金属固溶体存在三种结构类型不同的形式：置换固溶体、间隙固溶体、缺位固溶体。

46. 什么是固溶强化？其主要作用是什么？

答：溶质原子溶入造成的晶格畸变使塑性变形抗力增加，位错移动困难，因而使固溶体的强度、硬度提高，塑性和韧性有所下降，这种现象称为固溶强化。固溶强化是提高金属材料机械性能的重要途径之一。

47. 简述奥氏体与铁素体的异同点。

答：奥氏体与铁素体的相同点：都是铁与碳形成的间隙固溶体；强度硬度低，塑性韧性高。

奥氏体与铁素体的不同点：铁素体为体心结构，奥氏体面心结构；铁素体最高含碳量为 0.0218%，奥氏体最高含碳量为 2.11%，铁素体是由奥氏体直接转变或由奥氏体发生共析转变得到，奥氏体是由包晶或液相直接析出的；存在的温度区间不同。

48. 铁碳合金中基本相有哪些，其机械性能如何？

答：铁碳合金中基本相及其机械性能为：

1）铁素体：强度硬度较低，塑性韧性高。

2）奥氏体：具有一定的强度硬度塑性好。

3）渗碳体：硬度高，脆性大塑性韧性较低。

4）珠光体：有一定强度塑性，硬度适中。

5）莱氏体：硬度高，塑性差。

49. 简述回火的目的。

答：回火的目的是：

1）降低零件脆性，消除或降低内应力。

2）获得所要求的力学性能。

3）稳定尺寸。

4）改善加工性。

50. 什么是表面化学热处理，它有哪几个过程组成？

答：表面化学热处理是将工件置于一定温度的活性介质中保温，使一种或几种元素渗入金属的表面，以改变其化学成分、组织和性能的热处理工艺。其过程分为：

1）分解：介质在一定温度下发生化学分解，产生可渗入元素的活性原子。

2）吸收：活性原子被工件表面吸收。

3）扩散：渗入工件表面层的活性原子，由表面向中心迁移的过程。

51. 简述固态相变与液态相变的相同点与不同点。

答：1）相同点：都是相变，都包含形核与长大两个基本的过程。临界半径，临界形核功形式相同，转变动力学也相同。

2）不同之处：形核阻力中多了应变能一项，固态相变的临界半径及形核功增大，新相可以亚稳方式出现，存在共格、半共格界面及特定的取向关系和非均匀形核。

第二章 脱硫单元技术问答

第一节 脱硫装置工艺原理

1. 天然气中主要包括哪些烃类？

答：天然气中的烃类主要有三种：

1）烷烃，如甲烷、乙烷、丙烷等。

2）环烷烃，五圆环和六圆环含量较多。

3）芳烃，苯、甲苯及其同系物。

2. 按照矿藏特点，如何对天然气进行分类？

答：按矿藏特点不同，天然气可分为纯气田天然气、凝析气田天然气和油田伴生气。前两者合称为非伴生气，后者叫作伴生气。

3. 按照酸气含量，如何对天然气进行分类？

答：按酸气（硫化物和 CO_2）含量的多少，天然气可分为酸性气和洁气。H_2S 含量 $> 20mg/m^3$ 称为酸性气。

4. 按照天然气烃类组成，如何对天然气进行分类？

答：按照烃类组成，天然气可进行以下分类：

干气：1 基方井口流出物中 C_5 以上重烃液体含量低于 $<10cm^3$。

湿气：1 基方井口流出物中 C_5 以上重烃液体含量高于 $>10cm^3$。

贫气：1 基方井口流出物中 C_3 以上烃类液体含量低于 $<10cm^3$。

富气：1 基方井口流出物中 C_3 以上烃类液体含量高于 $>10cm^3$。

5. 天然气中水的来源主要有哪些？

答：天然气中水的来源主要有：

1）石油、天然长期与地下水接触。

2）油田开发注水。

3）烃类反应产物。

6. 天然气净化处理的目的是什么？

答：天然气净化处理的目的是对地层开采出来的天然气进行净化处理，脱除其中有害成分如硫化氢、有机硫、二氧化碳和水分等，使其达到管输气质标准，满足用户要求。

7. 什么叫作脱硫天然气？什么叫作净化天然气？

答：经过脱硫处理后的天然气称为脱硫天然气，经过脱硫和脱水处理后的天然气成为净化天然气，简称净化气。

8. 商品天然气的主要气质指标有哪些？

答：商品天然气的主要气质指标有：

1）最小热值。这项规定主要要求控制天然气中 N_2 和 CO_2 等不可燃气体的含量。

2）含硫量。主要是为了控制天然气的腐蚀性和出于对人类自身健康和安全的考虑，常以 H_2S 含量或总硫(H_2S 及其他形态的硫)含量来表示。

3）烃露点。烃露点即在一定压力下天然气析出第一滴液烃时的温度，它与天然气的压力和组成有关。为防止天然气在输配管线中游液烃凝结，目前许多国家都对商品天然气规定了脱油除尘的要求，规定了在一定压力条件下天然气的最高允许烃露点。

4）水露点和含水量。水露点是指在一定压力条件下，天然气与液态水平衡时(此时，天然气的含水量为最大含水量，即饱和含水量)的温度。一般要求天然气水露点比输气管线可能达到的最低温度还低 $5 \sim 6$℃。

9. 为什么要对天然气进行脱硫？

答：对天然气进行脱硫有以下几方面原因：

1）天然气含硫组分有毒，易造成大气、环境污染；一定浓度的酸气会引起人体中毒或死亡故必须脱除。

2）酸气溶于水易形成酸液，腐蚀金属。

3）硫化氢等的存在可使催化剂中毒。

4）充分回收硫黄资源。

10. 天然气脱硫方法如何分类？

答：天然气脱硫方法按作用机理可分为化学吸收法、物理吸收法、物理化学吸收、氧化还原法、膜分离法以及其他类型的方法。

11. 醇胺法脱硫脱碳的方法原理及主要特点是什么？

答：醇胺法脱硫脱碳的原理是：醇胺溶液具有碱性，可在常温下与 H_2S、CO_2 反应，然后升温降压再生放出酸气，醇胺溶液循环使用。主要特点是：净化度高，既可完全脱除 H_2S 和 CO_2，还可选择性脱除 H_2S；烃溶解少，有机硫脱出效率不高。

12. 醇胺法脱硫脱碳装置腐蚀的影响因素有哪些？

答：醇胺法脱硫脱碳装置的腐蚀程度及其类型除了受酸性组分（H_2S、CO_2）浓度影响外，还会受其他一系列因素的影响。

1）醇胺的类型。使用 MEA 溶剂的装置腐蚀最严重，使用 DEA 溶剂的装置次之，使用 MDEA 溶剂的装置腐蚀比较轻微。

2）溶液的酸气负荷。一般情况下，装置腐蚀程度随酸气负荷的上升而增加，故溶液的酸气负荷不能太高。

3）溶液中的污染物。污染物的来源有两个途径：一是原料气带入（气田水、油田化学药剂、液烃等）；二是溶剂降解或金属材料腐蚀而产生。这些污染物的存在会进一步加速腐蚀过程。

4）装置不同部位的操作条件（温度、压力）。通常在操作温度与酸气分压较高且有液相水存在的部位容易发生腐蚀。

5）溶液流速。溶液流速过高会因强烈的冲刷作用而破坏金属表面的保护膜，导致设备腐蚀加剧。

13. 简述天然气采用 MDEA 脱硫的工艺原理。

答：MDEA 在 CO_2 存在下对 H_2S 具有选择性反应能力，从而将原料气中的 H_2S 吸收，而对 CO_2 的吸收却很少；通常认为醇胺类化合物中的羟基可降低化合物的蒸汽压，并增加化合物在水中的溶解度；而氨基则为水溶液提供必要的碱度，促进对酸性组分的吸收。脱硫装置利用 MDEA 溶液［物理化学法（湿法）］在吸收塔内与天然气错流接触进行脱硫。在压力 $8.3\sim$ $8.5MPa$（表）、温度 $35\sim45℃$ 下，将天然气中的酸性组分、有机硫组分吸收，然后在低压 $0.08\sim0.1MPa$（表）、高温 $122\sim127℃$ 下，将吸收的组分释放出来，溶液循环再利用。

相关化学反应：

MDEA 水溶液在脱硫系统中的化学反应式如下：

主反应：

$$R_2R_1N+H_2S \underset{\text{高温低压}}{\overset{\text{低温高压}}{\rightleftharpoons}} R_2R_1NH++HS—+Q（瞬间反应）$$

副反应：

$$R_2R_1N+CO_2+H_2O \underset{\text{高温低压}}{\overset{\text{低温高压}}{\rightleftharpoons}} R_2R_1NH++HCO_3—+Q（慢反应）$$

其中，R = "$—C_2H_4OH$"，R_1 = "$—CH_3$"。

醇胺与 H_2S、CO_2 的主要反应均为可逆反应，在吸收塔较低温度下反应向右进行，原料气所含酸性气组分被脱除，在再生塔较高温度下反应平衡向左移动，溶剂释放出所吸收的酸性组分得以再生。

此外，在上述条件下，还产生微量的氨基甲酸盐和硫代氨基甲酸盐，是不可逆反应，二者由于分子内部聚合，生成非再生恶唑烷酮累积起来，在溶液中形成降解产物。

14. 什么是级间胺液冷却技术？

答：两级主吸收塔采用级间冷却技术以加强对 CO_2 吸收的控制。在第二级主吸收塔底部用泵抽出胺液，经过中间胺液冷却器，然后返回第一级主吸收塔最上层塔板处。采用级间冷却技术可显著降低吸收塔的温度分布，降低吸收温度可抑制 CO_2 受化工动力学影响的吸收过程，同时促进 H_2S 受化工热力学影响的吸收过程，从而实现 MDEA 对 H_2S 的选择性吸收。

15. 写出脱除天然气中的 COS 的反应式。

答：在水解反应器中，COS 与 H_2O 反应生成 H_2S 和 CO_2，反应式如下：

$$COS+H_2O \Longrightarrow H_2S+CO_2$$

16. MDEA 的物性是什么？

答：MDEA 是无色或微黄色黏性液体，沸点 247℃，20℃时密度为 1.038，易溶于水和醇，微溶于醚，是一种性能优良的选择性脱硫、脱碳新型溶剂，具有选择性高、溶剂消耗少、节能效果显著、不易降解等优点。

17. MDEA 的危害有哪些？

答：MDEA 侵入人体的途径有：吸入、食入、经皮肤吸收。危害有：
健康危害：接触后对皮肤及黏膜有刺激性，接触后会引起皮肤潮红、刺激和疼痛，乃至化学灼伤，接触眼睛可引起严重发红并造成角膜损伤。
环境危害：该物质属碱性，对水体和土壤造成污染。
燃烧危险：遇高温有燃烧爆炸危险，与强氧化剂接触发生剧烈反应。

18. 配置胺液质量分数的计算公式是什么？

答：配置胺液质量分数的计算公式是：
胺液质量分数＝溶质/溶液×100％＝纯胺液/（纯胺液+除盐水）×100％

19. 在胺液浓度正常范围内胺液循环量与浓度的关系是什么？

答：胺液循环量与浓度对脱硫效果的好坏有直接影响。在胺液浓度稳定的情况下，增加胺液循环量，将有利于脱硫，但不能太大以免造成浪费；胺液浓度较高时，可适当降低循环量，胺液浓度较低时，可提高循环量。

20. 原料气过滤器各有什么作用？

答：原料气过滤器的主要作用是过滤原料气中的杂质，防止胺液受到污染。过滤器共三台，其中机械过滤器两台一用一备，聚结过滤器一台，正常生产时投用，检维修或更换滤芯时走过滤器旁路。机械过滤器采用上进下出的形式，主要过滤原料气中的机械杂质和部分液相物质，包括泥沙、腐蚀产物、硫黄颗粒等；聚结过滤器采用下进上出的形式，主要过滤原料气中的液相。

21. 如何判断原料气过滤器滤芯击穿？

答：1）在线判断，过滤器运行时间超过一个月。上游批处理过后过滤器无明显拦液，现场与中控室均无压差，可以初步判定为过滤器滤芯击穿。

2）切换或切出过滤器，开盖检查确认，确定滤芯是否有明显击穿点。滤芯击穿与滤芯与基座密封不严现象相似，应注意区分。

22. 轨道球阀有何特性？

答：1）开关无磨损球体偏离阀座后再转动，消除了阀座的摩擦，解决了传统球阀、闸阀、旋塞阀的阀座磨损问题。

2）可注入填料在运行中进行维修，可将阀杆填料通过填料注入口注入，这样可完全控制挥发性的泄漏。

3）单阀座设计固定单阀座设计能保障双向密封，且避免了双向阀座阀门的阀腔压力升高的问题。

4）低扭矩密封面无摩擦，转动特别容易。

5）零泄漏抗磨阀芯硬密封面阀芯表面堆焊了一层硬质抛光密封面，能够在不损坏密封完好性的情况下，满足非常苛刻工况下密封要求。

6）顶装式设计系统泄压后可以在线检查和维修，使维护简单化。

23. 如何处理脱硫闪蒸汽带液严重的问题？

答：如果溶液发泡，根据溶液发泡的严重程度加入适量的消泡剂；如果闪蒸汽吸收塔贫液流量过大，超过设计值，适当降低闪蒸汽吸收塔贫液循环量；如果闪蒸罐操作压力波动过大，适当调整闪蒸罐压力；如果闪蒸汽吸收塔捕雾网损坏，定期更换原料气过滤分滤芯，加强过滤分离操作，及时排液，防止原料气带液引起的溶液发泡；如果闪蒸汽吸收塔填料堵塞，加强溶液过滤操作。

24. 脱硫贫液质量不达标的原因是什么？应如何处理？

答：1）再生塔液体分布器损坏、填料杂质堆积严重降低再生塔汽提效率。在检修期间清洗塔内件，清理杂质，对故障塔内件进行更换；再生蒸汽品质下降，加强锅炉定、连排，提高蒸汽品质。

2）蒸汽量不足，再生温度低于118℃，提高入重沸器蒸汽压力，增加蒸汽流量，确保凝结水管线畅通或凝结水就地排。

3）重沸器蒸汽流量相差过大，调整两重沸器蒸汽量平衡，保证两侧再生气温度平衡。

4）溶液降解严重，降解产物含量高，加强原料气预处理，加强溶液净化操作，确保溶液过滤量不小于总循环量的1/3，定时更换过滤器活性炭。

5）系统操作波动大，调整系统操作，确保系统稳定。

6）重沸器凝结水回收罐故障，排水不畅通，检查凝结水输出流程，维修故障点，恢复生产。

7）重沸器换热效果差，停工后对换热器清洗，提高换热效率。

8）再生塔内气、液接触不良，停车检修再生塔。

9）原料气中 H_2S、CO_2 含量增加，增加再生塔再生蒸汽，适当增加溶剂循环量。

10）胺液内阴阳离子平衡被打破，更换胺液或脱除引起失衡的离子。

25. 脱硫溶液污染物的种类有哪些？

答： 脱硫胺溶液所存在的污染物有：悬浮类固体物、溶解烃类、操作过程中产生的降解产物、热稳定盐类等。

悬浮类固体物：胶态 FeS 微粒、$Fe(OH)_3$ 颗粒、固体催化剂及焦分残渣、金属碎屑、单质 S 等。

有机物类：烃类凝液、表面活性类物质、润滑脂类、氧化降解变质残渣。

热稳定盐类：草酸盐、甲酸盐、乙酸盐、硫酸盐、硫氰酸盐、硫代硫酸盐等。

26. 脱硫溶液污染物对系统的危害有哪些？

答： 脱硫溶液污染物对系统的危害主要体现在胺液发泡和系统设备腐蚀两方面。

发泡：装置处理量大幅度降低，气体脱硫效果变差；严重的造成冲塔，胺液大量跑损，由此带来的相关问题是：1)胺液的损失造成操作成本的增加；2)胺液夹带影响产品质量；3)给下游设施造成危害；4)严重的环境污染。

设备腐蚀：胺液中热稳定盐类的存在会造成严重的设备腐蚀，尤其是对于系统高温部位的设备、管道(如重沸器、贫富胺液换热器等)。

27. 如何提高净化气收率？

答： 1)逐层下调二级主吸收塔进料口，同时保证湿净化气合格；每次调整后稳定一定时间，直至调整到塔器最低进料口。

2)逐层上调尾气吸收塔进料口，同时保证尾气排放合格；每次调整后稳定一定时间，直至调整到塔器最高进料口。

3)调整胺液浓度；调整脱硫单元气液比；调整贫胺液入塔温度；调整半富胺液入塔温度；调整尾气入尾气吸收塔温度；调整过程气入二级吸收塔温度；加强原料气过滤、胺液过滤，提高胺液品质；稳定装置操作。

28. 吸收塔拦液的原因、现象及处理方法有哪些？

答： 吸收塔拦液的原因有：塔的进料量大、胺液变质，腐蚀产物积累、原料气带杂质进入脱硫系统。

吸收塔拦液的现象有：吸收塔差压上升、处理量大幅波动、再生塔温度和酸气流量波动、产品气质量不合格。

吸收塔拦液的处理方法有：降低塔进料、加强胺液处理、加强原料气过滤。

29. 如何切换润滑油站过滤器？

答： 1)打开备用过滤器放气阀。

2)打开平衡阀使备用过滤器充满油。

3)关闭过滤器放气阀。

4)将切换阀打至双联运行。

5)正常运行后切换到备用的滤油器。

6)关闭平衡阀，切出泄压后拆除滤芯清洗或更换。

30. 为什么机泵润滑油要定期化验？油品更换的标准是什么？

答：定期化验是对设备的润滑故障采取早期预防和对已发生的润滑故障采取科学的处置对策，分析润滑故障的表现形式和原因、对润滑故障进行监测和诊断。及时换油且应定期检查，按状态维修或换油的办法，与维修体制一样，变定时为按状态（按质）换油，加强定期的检查和测试是十分必要的。

合理的换油（净化）周期必须首先以保证对机械设备提供良好的润滑为前提。由于机械设备的设计、结构、工况及润滑方式的不同，润滑油在使用中的变化也有差异，统一规定换油周期是不切合实际和不科学的。一般说，换油期必须视具体的机械设备在长期运行中积累和总结的实际情况，制定必须换油的特定极限值，凡超过此极限值，就应该换油。

常见润滑油更换标准（国家标准），凡其中一项不合格，就应该决定换油。

31. 什么是液力透平？

答：液力透平是一种能量回收装置。透平是将流体工质中蕴有的能量转换成机械能的机器，又称涡轮机。透平是英文 turbine 的音译，源于拉丁文 turbo 一词，意为旋转物体。透平的工作条件和所用工质不同，所以它的结构形式多种多样，但基本工作原理相似。透平的最主要的部件是一个旋转元件，即转子，或称叶轮，它安装在透平轴上，具有沿圆周均匀排列的叶片。流体所具有的能量在流动中，经过喷管时转换成动能，流过叶轮时流体冲击叶片，推动叶轮转动，从而驱动透平轴旋转。透平轴直接或经传动机构带动其他机械，输出机械功。透平机械的工质可以是液体、蒸汽、燃气、空气和其他气体或混合气体。以液体为工质的透平称为液力透平。

32. 液力透平的维护要点是什么？

答：1）轴承温度。

正常运行中的轴承温度允许值，滑动轴承不高于 65℃，滚动轴承不高于 70℃。若轴承温度偏高，除轴承的制造和检修有问题以外，润滑油的质量和供油量也是主要原因。

2）振动。

引起液力透平振动的原因很多，如，对中不良，转子不平衡，工艺系统波动，轴承故障，地脚螺栓松动等。如果出现振动，应对现象进行分析，查出导致振动的主要原因，进行消除。

3）机器声响。

借助工具判断机器声音，如遇有金属撞击声，液体噪声或零件发出的尖叫声，一定要查明是工艺操作或是机器本身引起的，以便消除。

4）冲洗。

要保证冲洗液管道畅通，压力不低于规定值，保证有充裕的冷却冲洗液量，以延长机械密封的使用寿命。

第二节 脱硫单元常见问题及处理措施

1. 胺液再生塔底温度偏低时应如何调整？

答：1）若胺液再生塔压力变化，可稳定克劳斯炉的酸性气进料量。

2）若蒸汽压力变化，检查蒸汽系统管网压力，稳定蒸汽压力。

3）若蒸汽温度变化，可降低温水流量，控制好蒸汽温度。

4）若蒸汽流量变化，检查蒸汽流量调节阀，控制好蒸汽流量；检查凝结水流量调节阀，控制好凝结水罐的液位。

5）若原料气负荷波动过大，检查原料气流量调节阀，原料气过滤器压差，稳定原料气进料量。

6）若胺液循环量波动过大，检查塔器、闪蒸罐液位，检查各胺液泵的运转情况，调整稳定胺液的循环量。

7）若富胺液进料量不稳，平稳富胺液的流量。

8）若胺液再生塔冲塔，根据实际情况调整进料量和蒸汽流量，尽快恢复平稳生产。

2. 再生塔液位变化的原因有哪些？

答：再生塔液位变化的原因有：
（1）进出溶剂量不平衡。
（2）塔顶回流量突然变化。
（3）进料量波动，富液泵排量不均。
（4）溶剂跑损，系统液面下降。

3. 压力对再生塔的操作有何影响？

答：压力低有利于 H_2S 的解吸，有利于再生塔的操作，但由于再生需要一定的温度，而在此温度下溶液有一定的饱和蒸汽压，所以压力和温度有一对应关系，同时还要考虑酸性气出装置的输送问题。

4. 中、低压蒸汽引入时需要注意什么？

答：1）联系调度及公用工程，准备引蒸汽。

2）打通所引蒸汽进装置流程，并关闭蒸汽主线上各支线阀。

3）打开主管线上相关排凝阀及疏水阀。

4）投用相关的流量、温度、压力仪表。

5）稍开界区阀（引中压蒸汽时先开跨线阀门），将蒸汽引进装置，沿途疏水暖管。如出现水击，关闭界区阀门，加强排凝。

6）引汽过程中注意检查膨胀弯的变形，管线、管托等的移位情况。

7）引汽过程中注意介质的漏点检查。

8）待温度接近介质温度后，逐渐开大边界阀门，将蒸汽引入系统。

9）维持蒸汽管线末端放空，关闭各排凝阀门。

5. 什么是水击？如何避免？

答：水击现象主要是因为管道内的介质冷热混合不均匀而造成的，蒸汽管道应正常地投用疏水器，对于需要加热管道内的介质而把热的介质加入管道内的应及时把热量移走，管线发生水击现象是由于疏排水不及时所致。

水击现象最容易在蒸汽管道中发生，以下几种情况蒸汽管道水击现象比较普遍。

1）蒸汽管道由冷态备用状态投入运行，因进汽阀门开启过快或过大致使管道暖管不足或是管道疏水未开启及疏水管堵塞时，管道比较容易发生水击。

2）汽轮机或锅炉负荷增加速度过快，或是锅炉汽包发生满水、汽水共腾等事故，使蒸汽带水进入管道。

3）运行的蒸汽管道停运后相应疏水没有及时开启或开度不足，在相关联的进汽阀门未关闭严密情况下，漏入停运管道内的蒸汽逐渐冷却为水并积聚在管道中，在一定时间后，管道将发生水击。

现象：蒸汽管道发生上列水击现象时，主要的征象：①管道系统发生振动，管道本体、支（吊）架及管道穿墙处均有振动，水击越强烈振动也越强烈；②管道内发出刺耳的声响，但不同情况下的水击发出的声响各有特点，如投运时暖管或疏水不足的管道多阶段性地发出"咚咚"的声响；而蒸汽带水进入管道则多发出类似空袭警报声的连续啸叫声；停运后的蒸汽管道如前述发生水击时多阶段性的发出如金属敲击般的尖锐声响。③蒸汽带水进入管道时，在管道的法兰结合处易发生冒汽现象，水击严重时，法兰垫被冲坏致使大量漏气。

处理方法：①控制蒸汽管道升压、升温速率，升压、升温期间检查各点排凝，直至升至工作压力、温度。在管道投运时发生水击，可关小或关闭进气阀以控制适当的暖管速度，并及时开启蒸汽管道疏水阀，若疏水管堵塞，手摸裸露处不烫手，则反复敲打，必要时更换。②要避免汽轮机或锅炉快速的大幅度调节负荷，因特殊情况负荷频繁大幅度变动时，要注意锅炉汽包水位的调节，必要时撤除锅炉水位的自动调节，改为手动调节，若锅炉汽包水位过高，应关小给水或开启汽包放水阀，适当降低水位，同时要及时开启相应蒸汽管道疏水。另外，蒸汽负荷增加时，应及时调整燃烧，增加燃料量和风量，注意分辨虚假水位。③对于汽水共腾现象，主要原因在于炉水含盐量过大，在汽包水面上出现大量泡沫。要改善给水品质，适当加强定期排污和连续排污以避免发生汽水共腾。④停运后的蒸汽管道发生水击时，一要检查相关进汽阀门是否关闭严密，二要检查停运管道疏水是否开启，如未开启要及时缓慢开启，采用疏水母管系统时，还要避免疏水母管带压，其他管道的蒸汽通过疏水管道串入停运的蒸汽管道内，致使管道的水击现象加剧。

6. 哪些因素会导致醇胺法中脱硫溶剂损失？

答：脱硫溶剂损失主要是由于：1）溶液蒸发；2）醇胺溶液降解，包括热降解、化学降解、氧化降解等；3）夹带；4）醇胺溶液在烃液中的溶解；5）机械损失。

7. 装置补充胺液时应注意什么?

答:1)选择补充方式:直接补入系统胺液闪蒸罐,操作风险大;间接通过地下罐补充,操作风险小。

2)如选择直接补入系统,待罐区启动泵后出口压力达到 1.6MPa 以上且稳定后方可打开补液阀门进行补液。补液速度控制在 80~100t/h,内操便于调整液位。补液结束后应先关闭补液阀门再通知罐区停泵,防止出现富液倒灌现象发生。

3)如选择间接补液,补液速度小于 20t/h(注意控制胺液罐区外输泵回流量,防止机泵长时间低负荷运行)补液时间长,补液过程相对稳定。

4)补液完毕后对补液管线进行泄压。

8. 脱硫剂发泡会造成什么影响?

答:脱硫剂发泡将导致溶液净化效率降低、溶液再生不合格、雾沫夹带严重使溶液损耗增加、系统处理能力严重下降、净化气质量不达标等一系列问题,不仅影响装置正常运行,而且还会造成严重的经济损失。

9. 如何判断脱硫剂发泡?

答:脱硫剂发泡主要有以下几种表现:

1)闪蒸汽量增大,闪蒸罐压力波动,闪蒸汽吸收塔压差上升。

2)胺液再生塔液位波动剧烈,压差上升。

3)胺液吸收塔压差上升,液位波动。

4)湿净化气不达标,尾气排放不达标。

10. 加注阻泡剂时应注意什么?

答:1)阻泡剂加注点的选择,根据发泡的位置不同选择合适的阻泡剂加注点。

2)阻泡剂的加注量控制在 500mL 左右,过量加注会引发剧烈发泡。

3)加注时应先排空加注罐,注意排放时防止胺液外溅。

4)加注速度要缓慢,急剧的消泡容易造成装置操作的剧烈波动。

5)加注前确认各塔器液位不能过低,防止消泡后出现液位偏低现象。

11. 脱硫单元停电应如何处理?

答:装置晃电:

1)事故现象:胺液循环波动,润滑油压力波动;照明灯灭后复明;流量波动。

2)事故原因:因雷雨天气导致晃电或电网切换。

3)事故处理:

①降低处理量,维持操作。

②确认装置各运转设备是否运转正常。运转设备延时不上量时,立即启动备用泵。

装置停电:

1)事故现象:

各种控制仪表报警，DCS上部分流量表回零；电动机泵停运；装置内所有照明熄灭；装置噪声明显减小。

2）事故原因：电网故障等其他原因造成停电。

3）事故处理：按停工处理，启动SIS关断闪蒸罐液位控制阀，维持塔、容器液面，降低再生塔底蒸汽流量，关闭酸性气排出阀；关各泵出口阀；关闭原料气进出阀，维持压力；注意观察吸收塔、闪蒸罐、再生塔液位，尽量维持各容器的液位、温度、压力。

12. 脱硫单元发生 H₂S 泄漏应如何处理？

答：1）操作人员发现装置内大面积硫化氢报警，随即触发七选三联锁，装置放空，胺液循环泵停运。单列放空克劳斯炉酸气由另一列供给。

2）立刻汇报车间值班人员与调度室，启动应急预案，应急广播无关人员紧急撤离，组织班组人员现场警戒，防止有人误入。

3）待泄压完毕后，组织人员确认泄漏位置，处理漏点。

4）漏点处理完毕，试压合格后，脱硫单元产品气反充压，启动胺液循环泵，建立胺液循环。

5）脱硫单元达到引气条件后引气开工。

13. 什么是过滤器？装置内过滤器类型有哪些？

答：1）过滤器是输送介质管道上不可缺少的一种装置，通常安装在减压阀、泄压阀、定水位阀或其他设备的进口端，用来消除介质中的杂质，以保护阀门及设备的正常使用。当流体进入置有一定规格滤网的滤筒后，其杂质被阻挡，而清洁的滤液则由过滤器出口排出，当需要清洗时，只要将可拆卸的滤筒取出，处理后重新装入即可，因此，使用维护极为方便。

2）装置类型有：空气过滤器、液体过滤器、原料气过滤器、胺液过滤器、机泵入口过滤器等。

14. 胺液系统中的机械过滤器、活性炭过滤器的作用分别是什么？

答：1）前机械过滤器主要过滤胺液中的固体杂质，腐蚀产物等。

2）活性炭过滤器主要吸收胺液中的降解产物、油类等，是遏制发泡的有效手段。

3）后机械过滤器主要过滤活性炭过滤器可能出现的碳粉，颗粒等。

15. 活性炭过滤器装填的注意事项是什么？

答：1）底层格栅完整，无明显腐蚀损坏，不锈钢丝网必须无破损，形状呈圆形，面积足够。

2）底部瓷球直径匀称，铺设厚度达到要求，且铺设表面平整。

3）活性炭装填密实，粉状碳禁止使用，顶部平整。

4）顶部不锈钢丝网必须无破损，形状呈圆形，面积足够。顶部瓷球直径匀称，铺设厚度达到要求，且铺设表面平整。

16. 如何投用活性炭过滤器？

答：1）首先用除盐水浸泡 72h。多次水冲洗，以冲洗时水中无明显碳粉夹带为合格。

2）用除盐水对其进行 0.6MPa 水密测试，检查各人孔、法兰有无泄漏。

3）倒各公用介质管线(氮气、除盐水、低压蒸汽)盲板为关位，确认安全阀、仪表、阀门等正常投用。

4）投用时先打开过滤器入口，进行缓慢灌液，防止贫胺液泵入口压力波动及胺液对顶部瓷球的冲击；灌液时打开顶部安全阀副线，地下罐液位上涨，视为灌液完成，关闭安全阀副线，打开过滤器出口。

5）通过调节活性炭过滤器流量控制阀开度调整过滤量，过滤量应缓慢提升，防止因快速提升造成的冲击。

17. 如何实现胺液的快速再生？

答：1）原料气切断后采用反充压的方式对脱硫系统进行置换。

2）加大胺液循环量，降低闪蒸罐液位。

3）再生塔蒸汽量加大，通入氮气降低酸气分压。

18. 如何防止再生塔底胺液泵汽蚀？

答：1）提高再生塔液位，防止因液位过低造成的胺液夹带气泡。

2）及时加注阻泡剂。

3）引入胺液冷回流。

4）适当提高再生塔压力。

5）定期切换贫胺液泵，并清洗入口过滤器滤网。

19. 如何判断胺液后冷器发生泄漏？

答：循环水 COD 上升。将循环水切出，排放完毕后关闭排放阀门，待 1~2h 后再次打开排放阀，取样化验，确定胺液后冷器是否发生泄漏。

20. 如何清洗机泵入口过滤器？

答：1）确定机泵处于停运状态。

2）确定介质已排放完毕，置换合格，盲板倒关位。

3）联系维保人员进行入口拆卸，拆卸过程中应全程监护。

4）将过滤器上污物清理，收集，杜绝随意水冲，造成环境污染。

5）检查过滤网是否有变形、破损。

6）回装后使用除盐水灌泵。

21. 什么是热稳定盐？对胺液有何影响？

答：热稳定盐是指在溶剂脱硫再生塔的操作温度下，在溶液中不分解的有机盐类。

1）这些盐类不能采用汽提的方法去除，因为气体中某些酸性物质与胺发生的是不可逆反应。这些盐类包括氯化物，硫酸盐，甲酸，醋酸，草酸，硫氰酸，硫代硫酸钠等。由于这些盐类有较强的化学键，在高温下不离解，导致在胺液内逐步累积。当这些盐的浓度累积到一定程度时，对系统的运行、设备的维护及保养提出一定的挑战。

2）热稳盐当溶剂中含量超过 500ppm 时，开始会使溶剂的黏度上升，表面张力增大，溶剂的有效浓度下降，消耗上升，发泡，操作波动大，脱后 H_2S 含量上升甚至不合。热稳定盐是指在溶剂脱硫再生塔的操作温度下，在溶液中不分解的有机盐类。

22. 如何调整胺液浓度在工艺要求范围内？

答：1）胺液浓度要求为 47%～53%，过高会造成对设备的腐蚀及黏度的增加；过低会造成吸收选择性下降及装置能耗上升。

2）正常运行时采用凝结水补水的方式维持胺液浓度的稳定，当胺液消耗到一定程度时，从罐区补充 50% 浓度胺液。

3）装置异常时，胺液浓度低，达不到开机条件则需进行提浓作业，将胺液中的水脱除提高胺液浓度，甩水作业与补液同时进行。

23. 系统胺液浓度下降过快的原因、现象及处理方法有哪些？

答：系统胺液浓度下降过快的原因有：重沸器管束泄漏、胺液再生塔或凝结水阀门内漏，补水量过大。

现象有：系统胺液液面不断上升、分析胺液浓度下降太快、硫化氢在线分析仪指示偏高。

处理方法有：找出泄漏部位，视情况处理；检查阀门或及时调整补充溶剂。

24. 吸收塔如何蒸塔？

答：1）完成对吸收塔的隔离工作，安全阀拆除，顶部放空全开，底部 OS 线全开，确保塔器内无积水。

2）将塔底部低压蒸汽盲板倒开位，缓慢的引入蒸汽。

3）调整顶部安全阀根部阀门，确保塔内压力在 0.2MPa 左右。

4）检查底部 OS 线是否畅通，防止塔内出现大量积水。

5）蒸塔时间不少于 12h。

25. 富胺液闪蒸罐钝化与火炬分液罐钝化有何差别？

答：1）富胺液闪蒸罐钝化与装置钝化同步进行，在钝化液循环过程中可实现钝化。

2）火炬分液罐钝化采用浸泡的方式进行钝化，钝化液在分液罐中浸泡 8h 以上，钝化液取样化验后确定钝化是否完成。

26. 富胺液液闪蒸罐的作用是什么？

答：富胺液闪蒸罐将富胺液夹带的轻烃闪蒸出来，并用补充胺液吸收闪蒸气中可能携带的 H_2S。

27. 富胺液闪蒸罐液位的影响因素有哪些？

答：富胺液闪蒸罐液位的影响因素有：
1）液面控制阀 PID 设定不对或液位阀失灵。
2）富胺液闪蒸罐压力不稳。
3）吸收塔液面不稳。
4）闪蒸气吸收塔进料不稳。

28. 富胺液闪蒸罐压力的影响因素有哪些？

答：富胺液闪蒸罐压力的影响因素有：
1）液面控制阀 PID 设定不对或压控阀失灵。
2）富胺液闪蒸罐液位不稳。
3）自吸收塔来富胺液量不稳。
4）闪蒸气吸收塔吸收效果差。

29. 闪蒸汽并网应注意什么问题？

答：1）取样化验闪蒸汽的品质是否达标，确认达标后方可并网。

2）并网量的确定，闪蒸汽应尽可能多的并入燃料气管网，但上限为 $800Nm^3/h$，因闪蒸汽量超过此值后装置基本处于严重发泡状态，闪蒸汽中含有大量的二氧化碳，热值达不到燃料气的指标。

3）并网速度的确定，并网时不可提量过快，对燃料气管网造成冲击。

30. 胺液再生塔重沸器蒸汽调节阀突然掉电的后果是什么？如何预防？

答：胺液再生塔重沸器蒸汽调节阀突然掉电的后果是：胺液再生蒸汽切断，胺液再生不合格，导致湿净化气放空，尾气排放不达标。可定期检查相关联锁仪表，维护调节阀执行机构进行预防。

31. 再生塔底贫胺液泵如何启动？

答：1）联系送电。

2）确认入口阀门全开、出口阀门关闭；确认各密闭排放线流程关闭，盲板未关位；确认压力表、温度计已投用；确认各阀门完好；确认冷却水投用；确认机封压力正常；确认接地良好；确认胺液再生塔液位。

3）灌泵、排气、盘车。

4）按下泵"启动"电钮，泵启动后，注意泵出口压力、转向、电流、机泵运转声音、振动、各个密封点和各运转点的温度是否正常，若有异常应立即停泵检查。

5）启动正常后，再慢慢打开泵的出口阀，观察出口压力变化及电流变化，调整各项参数满足工艺要求。

6）再次检查机泵运转声音、振动、各个密封点和各运转点的温度是否正常，确认泵运行是否正常。

7）通知内操，最小回流线调节阀投"自动"。

注意：不要在关闭出口阀或低于最小流量的情况下长时间操作。排气时，做好胺液接收工作，MDEA 合理回收。

32. 湿净化气 CO_2 含量偏高的原因及调节方法是什么？

答：湿净化气 CO_2 含量偏高的原因及调节方法是：

1）原料气量过大，应适当降低原料气量或提高胺液循环量。
2）原料气组分发生变化，调整不及时，应及时调整操作。
3）贫胺液进第二级主吸收塔位置低，应该调整贫胺液进口至上层进料口。
4）取样分析有误，应严格按照规定重新取样、分析。
5）贫胺液进第二级主吸收塔温度过高，应降低贫胺液温度。
6）气相入第二级主吸收塔温度过高，应降低气相温度。

33. 酸气质量对回收装置的影响有哪些？

答：酸气质量对回收装置的影响有：

1）酸气浓度下降会降低硫收率。
2）酸气中 CO_2 含量高会降低硫回收率及主燃烧炉炉温。
3）酸气中重烃成分对硫收率、硫黄质量和催化剂的活性的产生不良影响。
4）酸气中轻烃成分较多时会降低硫回收率。
5）酸气中有机硫成分会降低硫回收率。
6）酸气含水量会降低硫回收率。
7）酸气温度低，NH_3 对酸气管线造成堵塞。
8）酸气中的 NH_3 会降低催化剂性能下降。

34. 如何稳定酸气质量？

答：采取以下措施稳定酸气质量：

1）脱硫单元稳定操作，保持合适的气液比。
2）加强原料气及吸收溶剂的过滤分离效果。
3）加强溶液的惰性气体保护，防止溶液变质。
4）加强对溶液中热稳定盐等杂质的过滤，降低溶液的降解产物。
5）稳定脱硫单元闪蒸系统的操作，控制酸气带烃量。
6）严格控制溶液再生塔的压力，防止由于压力波动引起酸气量的波动。
7）控制好再生的温度。
8）控制好溶液的质量。

第三章 脱水单元技术问答

第一节 脱水装置工艺原理

1. 含硫天然气净化过程中为什么要脱水?

答:从地下储集层中采出的天然气及脱硫后的天然气中一般都含水。水是天然气中的杂质之一。管道输送的天然气,通常必须符合一定的质量要求,其中包括水露点或水含量这项指标,故在管输之前大多需要脱水。此外,在天然气加工过程中,由于采用低温,也要求脱除天然气中的水。

2. 天然气净化后的产品天然气分类和质量满足哪些要求?

答:天然气净化后的产品天然气严格执行《天然气 GB 17820—2018》的标准。

天然气按高位发热量、总硫、硫化氢和二氧化碳含硫分为一类和二类。

一类天然气质量应满足如下要求:

高位发热量≥34.0MJ/m³,总硫(以硫计)≤20mg/m³。

H_2S 含量≤6mg/m³,CO_2含量≤3.0%(V)。

同时满足:水露点<-15℃(冬季),<-10℃(夏季)。

二类天然气质量应满足如下要求。

高位发热量≥31.4MJ/m³,总硫(以硫计)≤100mg/m³。

H_2S 含量≤20mg/m³,CO_2含量≤4.0%(V)。

同时满足:水露点<-15℃(冬季),<-10℃(夏季)。

3. 常见天然气的脱水方法有哪些?

答:天然气脱水的方法一般包括低温法、溶剂吸收法、固体吸附法、化学反应法和膜分离法等。

4. 简述甘醇脱水的基本原理

答:甘醇可以与水完全溶解。从分子结构看,每个甘醇分子中都有两个羟基(—OH)。羟基在结构上与水相似,可以形成氢键,氢键的特点是能和电负性较大的原子相连,包括同一分子或另一分子中电负性较大的原子。这是甘醇与水能够完全互溶的根本原因。这样,甘醇水溶液就将天然气中的水蒸气萃取出来形成甘醇稀溶液,使天然气中水气量大幅度下降。

5. 固体吸附法脱水包括哪两种方法?

答: 根据吸附剂表面与被吸附物质之间的作用力不同, 分为物理吸附和化学吸附两种。

物理吸附是指流体中被吸附流体分子与吸附剂表面分子间为分子间吸引力—范德华力作用的结果。

化学吸附是吸附物与固体吸附剂表面的未饱和化学键(或电价键)力作用的结果。

6. 固体吸附法的吸附过程分为哪几种形式?

答: 固体吸附法的吸附过程一般可分为三种形式。

1) 间歇操作: 即将气体与吸附剂同时置于以容器内, 使之充分接触而进行吸附, 然后将吸附剂和气体分离。这种吸附操作主要用于实验室或小规模工业生产中。

2) 半连续操作: 使被处理的气体通过固定的吸附剂床层进行吸附, 经一定时间后, 停止进料, 然后进行再生(解吸), 再生后重新进行吸附, 依此循环。

3) 连续操作: 将吸附剂和气体连续地逆流或并流送入吸附器, 使之互相接触而进行吸附, 处理后的气体和吸附剂连续流出设备。

7. 分子筛作为干燥剂有哪些特点?

答: 1)具有很好的吸附选择性: 分子筛可按照物质的分子大小进行选择性吸附。

2) 分子筛具有高效吸附容量: 吸附剂的湿容量与气体中的水蒸气分压(或相对湿度)、吸附温度及吸附剂性质等有关。

3) 使用寿命较长: 由于分子筛可有选择性地吸附水, 可避免因重烃共吸附而使吸附剂失活, 故可延长分子筛的寿命。

4) 分子筛不易被液态水破坏 由于分子筛不易被液态水破坏, 故可用于携带有液态水的气体脱水。

8. 膜分离脱水的基本原理是什么?

答: 膜分离的基本原理是原料气中的各个组分在压力作用下, 因通过半透膜的相对传递速率不同而得以分离。气体分离膜技术是以压力差为动力, 利用气体混合物中各组分在膜内的溶解度和扩散系数的差别实现组分分离。

9. 简述膜分离脱水的技术特点。

答: 1)膜的制造和膜单元的组装相当复杂而且精细, 而膜分离脱水单元的组成装置简单, 不需要机动设备。

2) 从膜分离工艺本身来说, 在进料气温度合适的情况下, 不耗能。但是, 随酸气一起渗出的烃量占有相当的比例, 达到进料中烃量的百分之几或是百分之几十, 会产生一部分能源损失。

3) 水蒸气的渗透速率为 H_2S 的 10 倍, CO_2 的 16.7 倍。

10. 三甘醇(TEG)脱水法工艺是什么。

答：三甘醇脱水法是利用天然气与水在三甘醇溶剂中溶解度的差异而脱除天然气中的水分。其脱水过程为物理吸收过程。

11. 三甘醇脱水工艺的技术特点是什么？

答：1)TEG 再生采用中压饱和蒸汽加热(3.5MPa 饱和蒸汽)，充分利用后续装置产生的废热，实现了装置经济节能的目的。

2) 天然气脱水塔采用填料塔。结构简单，能耗低，TEG 损耗小。

12. 简述 TEG 脱水工艺中贫 TEG 循环量突然下降的影响因素和处置方法。

答：现象：

1) TEG 泵出口流量显示突然下降。

2) 在线分析仪显示净化气露点上升。

影响因素：

1) TEG 循环泵流量不稳。

2) TEG 流量测量仪表故障失灵。

处理方法：

1) 检查 TEG 循环泵运行情况，立即切换备用泵。

2) 联系仪表处理。

13. 简述 TEG 脱水工艺中活性炭过滤器作用和操作要点。

答：1)TEG 脱水工艺中活性炭过滤器作用是除去原料气过滤分离器不能除尽的原料气中携带的固、液相杂质，烃类物质，三甘醇变质产物，设备腐蚀产物等。内部为单体筒状滤芯。

2) TEG 脱水工艺中活性炭过滤器操作要点：

① 再生或更换活性炭的时间一般都是根据甘醇的成色来决定，也可以用甘醇通过碳后的压降来确定。

② 甘醇通过碳层压降正常情况下，一般只有 $1 \sim 2$ 磅/in^2。如果压降达到 $10 \sim 15$ 磅/in^2，就说明碳中已完全塞满了杂质。

③ 活性炭净化装置，都应放在固体机械过滤器的下游，这样才能提高活性炭的吸附效率和使用寿命。

14. TEG 脱水工艺中重沸器的作用、结构和操作要点是什么？

答：1)TEG 脱水工艺中重沸器的作用：提供热量，利用水与甘醇沸点差使甘醇与水分离。

2) 结构：现场的脱水装置使用的重沸器一般都采用直燃式火管，用部分干气作为燃料(大型脱水装置的重沸器一般都采用热油或蒸汽加热)。在直燃式重沸器中，加热部件通常是一个 U 形管。

3）操作要点：

① 三甘醇在重沸器中的温度应为 175~200℃。不使用汽提气，用一般的重沸器再生出的贫甘醇浓度最大约为 98.8%，柱顶温度为 107℃。

② 火管应有足够高的热通量，才能有足够的加热能力，但又不能太高以防甘醇分解。

③ 如果火管上有焦质或盐等污垢，其传热率就会下降，火管就可能被烧坏。局部温度过高，特别是有盐垢的地方，会引起甘醇分解。采用机械过滤、活性炭过滤等过滤措施能将循环甘醇中的焦质物质除掉。

④ 加热过程是恒温和全自动控制的。重沸器火嘴上的标准孔产生的热量值为 1000~1100 英国热量单位/sft³ 天然气。

⑤ 重沸器必须水平安装。

15. TEG 脱水装置运行过程中需要控制哪些温度参数？

答：1）贫甘醇进入吸收塔的温度应在 26~43℃ 之间。

2）重沸器的常规操作温度为 188~199℃。

3）精馏柱顶部的温度也很重要，它关系到水的蒸发和甘醇的回流，不应太高和太低，建议柱顶温度为 107℃。低于 105℃ 水蒸气就会开始冷凝而流回精馏柱；高于 120℃，甘醇的损失就会增大。因此一般在冷凝器处安装旁通管线来更好地控制温度。

第二节 脱水装置常见问题和处理措施

1. 简述三甘醇脱水工艺中 TEG 损耗增大的原因和处理方法。

答：1）三甘醇脱水工艺中 TEG 损耗增大原因包括：三甘醇贫液进塔温度超高，造成挥发损失；吸收塔处理量超过高限；精馏柱甘醇冲塔；重沸器温度超高，三甘醇热降解；三甘醇发泡损失；吸收塔塔盘堵塞。

2）三甘醇脱水工艺中 TEG 损耗增大解决措施如下：

① 防止三甘醇发泡、降解。

② 贫甘醇进入吸收塔前进行冷却，防止三甘醇蒸发带入产品气。

③ 防止吸收塔内天然气速度过高。

④ 通过良好冷凝措施，使精馏柱中三甘醇蒸发损失降到最低。

⑤ 保持泵阀门和其他管件处于良好工作状态，减少三甘醇机械或人为漏损。

2. 简述三甘醇脱水工艺中干气露点超高的原因和处理方法。

答：1）三甘醇脱水工艺中干气露点超高原因：

三甘醇贫液浓度超低；循环量过低或过高；处理量过大；吸收塔操作条件差，进气温度高以及压力低；气流速度过低；游离水进入吸收塔。

2）三甘醇脱水工艺中干气露点超高处理措施：

提高贫液浓度；增加溶液循环量；加强原料气分离器的分液和排液。

3. 简述三甘醇脱水工艺中贫三甘醇溶液水含量高的原因和处理方法。

答：1）三甘醇脱水工艺中贫三甘醇溶液水含量高的原因：
重沸器再生温度低；再生压力高；汽提气量太低。
2）三甘醇脱水工艺中贫三甘醇溶液水含量高处理措施：
提高再生温度；降低再生压力；增加汽提气量。

4. 简述三甘醇脱水工艺中游离水进入脱水装置的现象和解决措施。

答：1）三甘醇脱水工艺中游离水进入脱水装置的现象如下：
三甘醇浓度降低；干气露点超高；重沸器温度迅速下降；造成精馏柱内甘醇不能流入重沸器；重沸器液位迅速降低；再生系统蒸汽压高，造成三甘醇冲出精馏柱进入灼烧炉。
2）三甘醇脱水工艺中游离水进入脱水装置的解决措施如下：
停止进气或减少气量后，对重沸器缓慢加热，控制温度，保持重沸器液位，不能因为温度上升较快而造成三甘醇冲塔。加密过滤分离器排污周期；可通过再生系统内部的小循环，使甘醇浓度逐渐提高；直到重沸器温度达到 200℃ 左右，三甘醇浓度达到 98% 以上，得到调度室指示后方可进气。

5. 简述 TEG 脱水工艺中三甘醇再生重沸器排气口溶液冲出的原因和解决措施。

答：1）TEG 脱水工艺中三甘醇再生重沸器排气口溶液冲出的原因包括：重沸器升温过快；向系统补充冷溶液。
2）TEG 脱水工艺中三甘醇再生重沸器排气口溶液冲出的解决措施如下：
降低重沸器温度，缓慢升温；补充溶液时，先降低重沸器温度，再向系统补进溶液。

6. 提高三甘醇贫液浓度再生的方法有哪些？

答：1）减压再生。减压再生是降低再生塔的操作压力，以提高甘醇溶液的浓度。此法可将三甘醇提浓至 98.2%（质）或更高。但减压系统比较复杂，限制了该法的应用。
2）气体汽提。气体汽提是将甘醇溶液同热的汽提气接触，以降低溶液表面的水蒸气分压，使甘醇溶液得以提浓到 99.995%（质），干气露点可降至 -73.3℃。此法是现行三甘醇脱水装置中应用较多的再生方法。
3）共沸再生。该法采用的共沸剂应具有不溶于水和三甘醇，同水能形成低沸点共沸物、无毒、蒸发损失小等性质，最常用的是异辛烷。共沸剂与三甘醇溶液中的残留水形成低沸点共沸物汽化，从再生塔顶流出，经冷凝冷却后，进入共沸物分离器，分去水后，共沸剂用泵再打回重沸器。

7. 影响天然气饱和水含量的因素有哪些？

答：无硫天然气的饱和水含量主要取决于体系的温度和压力；此外，气体的相对密度及与之平衡的液态水中的含盐量也有一定影响。温度愈高、压力愈低，则以 mg/m^3 计的饱和水含量也愈高；如气体相对密度较大，液相含盐量较高，则饱和水含量略低一些。

第四章 硫黄尾气单元技术问答

第一节 硫黄装置工艺原理

1. 简述克劳斯(CLAUS)工段生产原理?

答：克劳斯工段的生产原理为：酸性气在燃烧炉内与空气进行不完全燃烧，使酸性气中三分之一的 H_2S 燃烧成 SO_2，烃和氨完全燃烧，未燃烧的三分之二 H_2S 和燃烧生成的 SO_2 在高温条件下发生反应生成硫和水，剩余的 H_2S 和 SO_2 继续在催化剂作用下发生反应进一步生成硫和水，生成的硫经冷凝和捕集得到回收，尾气进入尾气净化工段进一步处理或至焚烧炉焚烧。

2. H_2S 和 SO_2 发生 CLAUS 反应的反应常数和温度有何关系?

答：H_2S 和 SO_2 发生 CLAUS 反应，当温度大于 630℃ 时，发生的是高温 CLAUS 反应，本反应是吸热反应，反应常数随温度升高而增加，硫化氢的转化率也随之升高；当反应温度小于 630℃ 时，发生的是低温 CLAUS 反应，需进行催化反应，是放热反应，反应常数随温度升高而降低，硫化氢的转化率也随之降低。

3. 简述尾气净化工段生产原理。

答：尾气处理工段生产原理为：克劳斯尾气中的硫和二氧化硫在尾气加氢反应器内催化剂的作用下与还原性气体(H_2、CO)反应生成 H_2S，过程气中的 H_2S 在低温条件下经与甲基二乙醇胺溶剂充分接触后大部分被吸附，净化后的尾气至焚烧炉焚烧，吸附了 H_2S 的富溶剂在较高温度被解吸，使溶剂得到再生，再生出来的 H_2S 被送至克劳斯工段回收硫黄。

4. 反应炉内主要发生哪些反应?

答：反应炉内主要发生的反应有：

1) $H_2S+3/2O_2 \!=\!\!= SO_2+H_2O$

2) $2H_2S+SO_2 \!=\!\!= 3/2S_2+2H_2O$

3) $C_nH_{2n+2}+3n+1/2O_2 \!=\!\!= (n+1)H_2O+nCO_2$

4) $H_2S+CO_2 \!=\!\!= COS+H_2O$

5) $CH_4+2S_2 \!=\!\!= CS_2+2H_2S$

— 118 —

5. 克劳斯反应器内主要发生哪些反应？

答：克劳斯反应器内主要发生的反应有：

1）$2H_2S+SO_2 \Longrightarrow 3/nS_n+2H_2O$

2）$COS+H_2O \Longrightarrow CO_2+H_2S$

3）$CS_2+2H_2O \Longrightarrow CO_2+2H_2S$

6. 尾气加氢反应器内主要发生哪些反应？

答：尾气加氢反应器内主要发生的反应有：

1）$CO+H_2O \Longrightarrow CO_2+H_2$

2）$SO_2+3H_2 \Longrightarrow H_2S+2H_2O$

3）$S_8+8H_2 \Longrightarrow 8H_2S$

4）$COS+H_2O \Longrightarrow H_2S+CO_2$

5）$CS_2+2H_2O \Longrightarrow 2H_2S+CO_2$

7. 简述 CLAUS 制硫工艺中副产物 COS 的生成机理。

答：CLAUS 制硫工艺中副产物 COS 的生成机理大体为：H_2S 在一定的温度下被分解，其分解量随温度上升而增加：$H_2S \longrightarrow S+H_2$

生成的游离态 H_2 能还原 CO_2：$CO_2+H_2 \longrightarrow CO+H_2O$

生成的 CO 又与硫反应生成 COS：$CO+1/2S_2 \longrightarrow COS$

CS_2 被 H_2O 和 SO_2 部分地分解也会生成 COS：$CS_2+2H_2O \longrightarrow COS+H_2S$

$2CS_2+SO_2 \longrightarrow 2COS+3/2S_2$

同时也存在水解反应使 COS 减少：$COS+H_2O \longrightarrow CO_2+H_2S$

8. 简称 CLAUS 制硫工艺中副产物 CS_2 的生成机理。

答：CS_2 生成机理大体为：在大于 1000℃ 的反应炉中，甲烷和硫蒸汽的火焰内部会很快生成 CS_2：$CH_4+2S_2 \longrightarrow CS_2+H_2S$

然后，CS_2 被 H_2O 和 SO_2 部分地慢慢分解：$CS_2+2H_2O \longrightarrow COS+H_2S$

$2CS_2+SO_2 \longrightarrow 2COS+3/2S_2$

$CS_2+2H_2O \longrightarrow CO_2+2H_2S$

在小于 900℃ 低温下，在制硫炉内 CS_2 生成很慢，但分解也很慢。制硫炉内 CS_2 生成的数量主要是受这些机理影响的，而与气体在高温区域的停留时间无关。

9. 为什么要用三个硫冷器逐步把过程气中的硫冷凝回收？

答：CLAUS 反应为可逆反应，生成物为硫和水，当过程气中的硫分压变高时，生成硫的正反应将会停止，甚至向反方向进行，因此要使反应向生成硫的方向移动，必须及时冷凝捕集反应过程中生成的硫，降低过程气中的硫分压，使反应不断向正方向进行，提高反应转化率。

10. 温度对尾气加氢反应器里的反应有什么影响？

答：尾气加氢反应器里主要发生 SO_2、S 还原反应，COS、CS_2 水解反应。由于 SO_2 和 S 还原成 H_2S 的反应是放热反应，温度越低对反应越有利，但是 COS、CS_2 水解反应为吸热反应，温度高对反应有利，因此需要较高的反应温度。

11. 液硫脱 H_2S 的生产原理是什么？

答：液硫脱 H_2S 的生产原理是：液硫与空气在液硫池底部充分接触，使液硫中的多硫化物分解，同时液硫中的 H_2S 与 O_2 反应生成硫黄，部分 H_2S 随空气进入气相，被蒸汽抽射至焚烧炉焚烧或者克劳斯炉，使液硫中的 H_2S 得到了脱除，其反应方程式可表示如下：

$$H_2S_8 \Longrightarrow H_2S+7S, \quad 2H_2S+O_2 \Longrightarrow 2S+2H_2O$$

12. 液硫脱 H_2S 能否提高装置的硫回收率？为什么？

答：液硫脱 H_2S 不能提高装置的硫回收率，因为液硫脱气所产生的废气直接到焚烧炉焚烧，并随烟道气排放到大气中，其中的 H_2S 并没有回收利用。如果将液硫脱气所产生的废气引入克劳斯炉或者加氢炉，可以提高装置总硫收率。

13. 为什么要对氧化铝催化剂进行还原？

答：硫黄回收装置第一、二克劳斯反应器装填氧化铝催化剂，在该催化剂作用下使 H_2S 与 SO_2 发生反应，当催化剂使用一定时间后，由于过程气中含有多余氧，它使催化剂中 Al_2O_3 活性组分被盐化失活，造成催化剂中毒，硫转化率下降，因此，有必要在装置停工之前对催化剂进行还原。

14. 为什么要对钴/钼催化剂进行预硫化？

答：硫黄回收装置尾气加氢反应器装填钴/钼催化剂，在该催化剂作用下使 S 和 SO_2 与 H_2 发生反应，该催化剂的活性中心为硫化钴和硫化钼，而厂家提供催化剂的成分是氧化钴和氧化钼，因此装置初次开工时必须对该催化剂进行预硫化处理，在装置停工时若对催化剂进行了再生操作，下次开工时也必须对该催化剂进行预硫化处理。

15. 为什么要对钴/钼催化剂进行再生？

答：硫黄回收装置尾气加氢反应器装填钴/钼催化剂，在该催化剂作用下使 S 和 SO_2 与 H_2 发生反应，当催化剂使用一定时间后，由于反应气体中含有炭黑，它沉积在催化剂床层，使催化剂活性下降，反应器床层压差增加，因此有必要在装置停工时对催化剂进行再生。

16. 为什么要对催化剂进行钝化？

答：硫黄回收装置的克劳斯和尾气加氢催化剂在运行过程中积累了一定的硫化亚铁，硫化亚铁具有在较低温度下遇到空气能自燃的特性，一旦硫化铁发生自燃，反应器床层温度迅速上升烧坏催化剂，更是对人身安全带来极大危害，因此在装置停工时必须对催化剂进行钝化，通过升温燃烧去除硫化亚铁。

17. 克劳斯尾气中 H_2S/SO_2 之比对硫转化率的影响？

答： 克劳斯反应过程中 H_2S 和 SO_2 的分子比为 $2:1$，当原始的 H_2S/SO_2 之比不等于 $2:1$ 时，随着反应的进行，H_2S 和 SO_2 的比值随之增大或减小，随着偏离程度的增大，H_2S 转化成元素硫的转化率明显下降。为了提高装置硫转化率，在操作过程中必须控制反应炉合适的空气量，以确保尾气中 H_2S 和 SO_2 的分子之比达到 $2:1$，这是提高装置硫转化率的最根本条件。

18. 反应炉温度对装置有何影响？

答： 反应炉内的克劳斯反应属于高温克劳斯反应，吸热反应，温度越高越有利于反应向右进行；温度越低，反应炉克劳斯反应收率降低。

19. 克劳斯反应器入口温度对装置有何影响？

答： 从反应炉来的过程气在反应器床层催化剂作用下使 H_2S 与 SO_2 发生反应，该反应为放热反应，温度越低对反应越有利，但温度低于硫的露点温度会造成液硫析出而使催化剂失去活性，这样也会造成硫转化率的下降。另外要使装置得到高的硫转化率必须在催化剂作用下使 COS 和 CS_2 发生水解，而该水解反应为吸热反应，温度越高对水解越有利。

20. 末级硫冷凝器捕集器有何作用？为什么在此设置一个捕集器？

答： 作用是进一步捕集硫冷器出过程气中的硫，使尾气处理单元的过程气中硫含量降到最低。因为硫黄回收装置不采用在线增压机，尾气处理单元的压差对装置的生产能力有重大影响，增加硫捕集器，降低进入尾气处理单元过程气的硫含量，减少尾气加氢反应器的还原反应，减少可能因尾气还原不充分而在急冷塔产生固体硫黄析出，急冷塔压差增大而影响装置生产的不利因素。

21. 尾气加氢反应器的入口温度对装置有何影响？

答： 从克劳斯来的尾气在反应器床层催化剂作用下使 S 和 SO_2 与 H_2 和 CO 发生反应，该反应为放热反应，温度越低对反应越有利，但尾气中含有未在克劳斯反应器内完全水解的 COS 和 CS_2 必须在尾气加氢反应器内完全水解，而该水解为吸热反应，温度越高越有利于水解，因而控制尾气加氢反应器入口温度为 $250\sim260℃$，确保 S 和 SO_2 全部被还原、COS 和 CS_2 充分水解。

22. 溶剂的温度对尾气中硫化氢的吸附和解吸有何影响？

答： 含 H_2S 的尾气进入吸收塔内，在较低温度下 H_2S 被甲基二乙醇胺溶液吸收，该吸收过程为放热反应，温度越低越有利吸收，但是溶剂温度过低，会增加溶剂的黏度，反而不利于吸收，因此入吸收塔的溶剂温度一般控制在 $33\sim35℃$ 之间。吸收了 H_2S 的甲基二乙醇胺溶液进入再生塔后，在较高温度下，H_2S 从溶液中被解吸出来，该解吸过程为吸热反应，温度越高越有利解吸，但温度过高能耗增加，同时也可能造成甲基二乙醇胺的分解，因此溶剂再生塔气相返塔温度应控制在 $118\sim122℃$ 之间。

23. 尾气净化系统过程气中 H_2 对急冷塔的操作有何影响？

答：尾气加氢反应的目的是使尾气中 S 和 SO_2 全部还原成 H_2S，控制急冷塔后尾气中的 H_2 浓度为 2%~4%（V），保证加氢反应有足够的还原性气体。氢含量过高可能造成加氢炉不完全燃烧，产生积碳附着在催化剂表面，长时间会使加氢反应器床层活性下降；若 H_2 含量过低，可能造成还原性气体不足，S 和 SO_2 不能完全还原成 H_2S 的尾气进入急冷塔，急冷水中硫积累就会增加，堵塞急冷塔填料层，SO_2 溶解在急冷水中，使急冷水酸性加强，对设备和管线会造成严重的腐蚀。因此，要使 S 和 SO_2 完全还原，必须严格控制 H_2 含量。

24. 影响尾气焚烧有哪些因素？

答：焚烧炉的目的是把尾气中 H_2S 全部焚烧成 SO_2，同时要有低的 NO_x 生成。影响因素如下：1）焚烧温度：尾气中 H_2S 与 O_2 反应生成 SO_2，温度越高反应转化率越高，因此温度越高越有利于 H_2S 的焚烧，一般控制在 550~650℃ 之间。2）空气流量：要使尾气中 H_2S 燃烧完全，必须有充足的空气量，空气量越大 H_2S 燃烧越完全，但空气量太大装置能耗会增加，根据环保要求，应控制烟道气中 O_2 的含量为 2.5%~3.5%（V）。3）空气流量的分布：焚烧炉烧嘴采用低 NO_x 烧嘴，为了减少燃料气燃烧过程中 NO_x 的生成，烧嘴主空气流量为燃料气燃烧化学计量的 80% 左右，其余 30% 的化学计量空气由第一空气进入烧嘴后部，避免烧嘴高温区域过氧生成 NO_x。

25. 酸性气中带烃对装置有何影响？

答：若酸性气中烃含量增加，会使反应炉中因烃类燃烧不完全而产生炭黑，使液硫颜色变黑，催化剂床层积碳，严重地影响装置的产品质量和正常运行。若酸性气中烃含量过低也对装置不利，它使反应炉炉膛温度偏低，造成氨燃烧不完全，因此反应炉内可加入少量燃料气进行伴烧，以确保反应炉温度。

26. 为什么降低过程气中的硫分压就能提高硫转化率？

答：H_2S 和 SO_2 发生的制硫反应是一个可逆反应，若过程气中的硫浓度升高，反应就向反方向移动，硫转化率就下降，过程气逐级反应、冷却和捕集，目的就是及时把反应生成的硫进行回收，降低过程气中的硫分压，使可逆反应向正方向移动，以提高各反应器的硫转化率。

27. 为什么液硫管线要用 0.4MPa 蒸汽伴热？

答：根据液硫的黏温特性，液硫在 130~160℃ 时黏度小，流动性最好，而 144℃ 温度下水的饱和蒸汽压为 0.4MPa，因此用 0.4MPa 蒸汽对液硫管线进行伴热，即可提高液硫管线中液硫的流速，又减少由于液硫管线伴热温度过高而造成的能量损失。

28. 为什么配制溶剂或系统补溶剂时要用蒸汽冷凝水？

答：因为甲基二乙醇胺遇氧气容易被氧化而变质降解，如果使用除盐水或新鲜水配制溶剂或系统补溶剂，除盐水和新鲜水中的氧，会导致部分甲基二乙醇胺氧化而失效，而脱氧水或蒸汽冷凝水两者氧含量极小，所以要用冷凝水或脱氧水配制溶剂或系统补液。

29. 为什么要对溶剂进行过滤？

答： 吸收了 H_2S 的溶剂对设备和管线会造成一定的腐蚀，生成的 FeS 颗粒又容易使溶剂变脏和发泡，造成溶剂的损失，因此必须对溶剂进行连续有效的过滤，及时把溶剂中 FeS 颗粒除去，平稳装置的操作，减小溶剂消耗。

30. 为什么急冷塔中需注氨？

答： 在正常情况下，进入急冷塔的尾气中 SO_2 含量为零，H_2S 在略为酸性的急冷水中基本不溶解，急冷水的 pH 值 6~7，急冷水不需注氨。但装置的操作一旦发生波动，克劳斯尾气中 SO_2 和 S 含量偏高，尾气加氢反应器中氢气还原不完全，使进入急冷塔的尾气中含有一定量的 SO_2，而 SO_2 容易溶于水具有较强的酸性，造成急冷水 pH 值下降，对急冷塔填料和塔体的腐蚀加重，此时在急冷水中应加入氨，或加除氧水置换急冷水，把急冷水的 pH 值控制在 6~7 之间，减少急冷水对设备和管线的腐蚀。

31. 硫封罐的作用是什么？

答： 装置从硫冷凝器到液硫池的液硫管线是畅通的，这样硫冷凝器内含 H_2S 和 SO_2 的有毒有害气体就会从液硫管线随液硫跑出来，硫封罐的作用就是利用液硫的静压把气体封住，防止有毒有害气体外泄造成的人身伤害与环境污染。

32. 为什么硫冷凝器安装时要求有坡度？

答： 硫冷凝器管程为含硫过程气，该过程气经过硫冷凝器时被冷却产生液体硫黄，液硫具有较大的黏度，流动速度较慢，若硫冷凝器安装时有坡度，可以加快液硫的流速，减小过程气的压降。另外硫冷凝器有坡度液硫不易在设备内积累，当过程气氧含量较高时，也不会造成液硫燃烧而损坏设备。

33. 反应炉和焚烧炉为什么要砌花墙？

答： 炉子的作用是使各组分充分发生反应，炉内砌花墙能加强各组分的混合效果，延长各组分的停留时间，同时它能使炉子增加蓄热量，提高炉内温度，从而提高炉子效率。

34. 液硫池壁面由几层组成？它们各是什么？有何作用？

答： 液硫池壁面由 3 层组成，内层为本体钢筋混凝土浇筑，中间层为耐酸砖是为了防腐，内层为耐高温防腐结构胶、网格玻璃纤维布、粗网格玻璃纤维布组成的"三布五油"防腐层。

35. 硫黄回收装置生成硫黄最多的部位是哪里？为什么？

答： 硫黄回收装置生成硫黄最多的部位是反应炉，因为在反应炉里发生的是高温 CLAUS 反应，温度越高对反应越有利，反应炉的高温正好加强了反应，同时反应炉中的 H_2S 和 SO_2 浓度也是最高的。

36. 尾气加氢系统过程气抽射器有何作用？

答：装置过程气抽射器的主要作用是：

1）装置尾气净化系统点炉升温过程中，通过抽射器建立开工循环，使低温循环气冷却尾气净化炉高温燃烧气，保证设备安全，同时对反应器进行升温。

2）尾气加氢反应器催化剂预硫化操作，通过抽射器建立过程循环。

3）由于生产异常发生急冷塔轻微堵塔时，尾气净化系统压力将上升，影响装置负荷增大，此时可以通过开启抽射器，降低净化系统压力，为装置负荷提高创造条件。

4）正常生产中，过程气抽射器将停用。

5）尾气净化系统停工中，催化剂钝化、再生建立过程气循环。

6）装置处理量低时，开抽射器建立过程气循环。

37. 如何降低净化装置尾气 SO_2 排放？

答：1）保证上游装置来的酸性气组分稳定，特别是烃含量不能变化过大。

2）选用高效的催化剂，提高硫回收反应深度。

3）投用好 H_2S/SO_2 在线分析仪，投用好反应炉微调风控制，控制克劳斯尾气中 H_2S/SO_2 在 2：1～4：1，保证克劳斯硫转化率。

4）平稳尾气处理系统操作，保证急冷塔出口 H_2 含量为 2%～4%，通过降低尾气吸收塔胺液温度，提高塔板进料层，提高尾气吸收能力，减少硫化氢带去尾气总量。

5）提升胺液净化深度，提高胺液品质。

38. 废热锅炉通常有哪些特点？

答：1）主体设备仅是一种换热器，大多数情况下带有汽包构成水的循环系统。

2）热源的压力、温度以工艺测热源为准。

3）用副线调节装置控制工艺蒸汽出口温度。

4）具有防尘、防结焦及清理装置。

5）适应急速而均匀地冷却。

6）具有压降低的性能。

7）具有好的密封性能。

8）能适应连续运转，周期长，维修方便。

39. 按其结构特点废热锅炉可分为哪几大类？

答：可分为管壳废热锅炉和烟道式废热锅炉两大类。

40. 列管式废热锅炉主要有哪几种？

答：有普通列管式废锅，带膨胀节列管式废锅，内置弹性管箱管式废锅，新型管板列管式废锅 4 种。

41. 废热锅炉在运行中的监视和调节的主要任务是什么？

答：1）联系调整工艺参数，使系统正常运行。

2）维持稳定的气压、气温和产气量。

3) 均衡给水,并维持汽包的正常水位。

4) 保证炉水和蒸汽品质合格。

5) 保持高温工艺过程气出、入口温度和流量的稳定。

6) 保证正常的清灰、清焦工作。

42. 废热锅炉检修前的准备工作有哪些?

答:检修前必须按操作规程要求将废锅内的水汽、工艺介质降温泄压排干净,工艺介质应置换合格,进行动火及安全分析合格后,用盲板与系统隔离。

43. 废热锅炉检修的内容有哪些?

答:1) 清理管程和壳程积的尘垢、污物;2) 实行外观检查;3) 管程查漏、补胀、补焊或堵管;4) 受压壳程的检查与修理;5) 气体口分布器、热防护装置热补偿结构等的检查与修理;6) 管、壳程试压;7) 汽包的检查与修理;8) 螺栓、垫片等密封组件的更新或修理;9) 水、气阀门和水位计、压力表、安全阀等安全装置的检查与修理;10) 管束更换;11) 壳体部分更换或整体更换;12) 非金属耐热衬里大面积全部更换。

44. 通常情况下,锅炉受压壳体失效的主要原因有哪些?

答:1) 筒体及其封头的焊缝发生变形、鼓包和裂缝,以致造成泄漏;2) 法兰密封组件失效造成泄漏;3) 内壁隔热衬里层的损坏,造成壳体过热以致损坏;4) 压力表、安全阀、水位计等安全认真思考失效。

45. 废热锅炉烧干为什么不能马上加锅炉水?

答:废热锅炉烧干后,锅炉管束温度很高,此时若马上加锅炉水,会使废热锅炉管束发生急剧的冷缩和水的迅速汽化,轻则管束变形损坏设备,重则发生爆炸事故,因此,废热锅炉烧干后不能马上加锅炉水,应缓慢通蒸汽降温,然后再缓慢加入锅炉水冷却。

46. 为什么加氢炉点火前要启动过程气蒸汽抽射器?

答:加氢炉中燃料气与空气发生次化学计量燃烧,在烧嘴后部产生较高温度的燃烧气,而尾气净化炉的设计和操作温度较低,如果不及时把烧嘴产生的高温燃烧气体冷却,就会造成尾气净化炉严重超温,烧坏设备。为此在加氢炉点火前,应先启动过程气蒸汽抽射器,使加氢单元建立开工循环,用低温的循环气进入加氢冷却烧嘴过来的高温燃烧气,并将热量带入加氢催化剂进行升温,确保尾气净化炉正常运行。

47. 为什么反应炉热启动时要用氮气吹扫?

答:炉子点火时为了防止炉内爆炸气体形成,必须用充足的空气或氮气进行吹扫,由于反应炉后的反应器床层温度较高且含有可燃的硫,若炉子用空气进行吹扫,吹扫空气中的氧气进入反应器就会造成床层着火,损坏催化剂,因此反应炉热启动时用氮气吹扫。

48. 烧嘴点火完成后为什么要把点火枪及时缩回?

答:烧嘴点火时点火枪插入,点火器送电,燃料气阀打开,点火完成后,燃料气烧嘴区域为高温区，点火枪保留在该区域必定被烧坏，因此程序要求点火枪在规定时间内必须缩回，否则点火程序返回，烧嘴自动熄灭。

49. 烧嘴点火时如何控制燃料气流量？

答：为了烧嘴顺利进行点火，点火时必须控制烧嘴的燃料气流量合适，燃料气流量控制采用人工和自动相结合的办法，首先程序限制了燃料气流量的上下限，燃料气切断阀打开之前，燃料气调节器被程序跟踪，调节阀预先处于最小位置，一旦切断阀打开，燃料气调节器程序跟踪断开，燃料气调节阀迅速达到预先设定位置，此时操作人员可在程序限制的范围内调节燃料气流量以得到稳定的火焰，烧嘴点火完成后，程序把调节阀的控制权完全交给操作人员操作，以方便炉子升温。

50. 烧嘴点火时如何控制空气流量？

答：为了烧嘴点火时的安全和点火过程顺利进行，点火时烧嘴的空气流量控制必须合适，空气流量控制采用人工和自动相结合的办法，程序打开空气切断阀，操作人员可在程序限制的范围内控制空气流量，便空气流量在规定的时间内达到指定的流量。烧嘴点火完成后，程序把空气调节阀的控制权完全交给操作人员操作，以方便炉子的升温。

51. 酸性气采样如何操作？

答：1) 酸性气采用密闭采样，采样人员必须佩戴空气呼吸器和硫化氢报警仪器，并使仪器处于工作状态；取样时必须两人，一人取样，另一人监督。阀体开关要合适，不宜用力过猛或开关过大。采样人员应避免介质或其挥发气接触皮肤，应戴上手套。

2) 检查管线、阀门是否泄漏，条件不具备不能采样。

3) 所有阀门处于关闭状态。

4) 安装好钢瓶后连接金属软管打开钢瓶两端阀门。

5) 取样箱外样品入口阀、出口阀打开；取样瓶进出口阀打开；打开取样瓶出口至低压火炬阀门，开始循环并使钢瓶充满新鲜样品。

6) 等待一定时间使代表性样品采集到采样钢瓶中，关闭取样瓶出口去低压火炬阀门，取样瓶开始升压，取样瓶压力表值稳定后(接近系统压力)，关闭取样瓶进出口阀，断开金属软管，将金属软管接头与固定端接头闭合，完成取样。

52. 为什么焚烧炉要设置高温度安全联锁？

答：对于焚烧炉来说温度过高会破坏炉内内衬材料，甚至烧坏炉体；由于尾气处理装置焚烧炉后部有蒸汽过热器，若焚烧炉温度过高，会损坏蒸汽过热器炉管，严重的会使炉管破裂，造成事故，所以焚烧炉设置了高温度安全联锁。

53. 为什么废热锅炉要设置低液位安全联锁？

答：废热锅炉液位是为了防止仪表指示误差造成事故，废热锅炉设置独立的低液位安全联锁，若废热锅炉液位过低，管束温度上升，管束变形，损坏废热锅炉，因此要设置安全联锁。

54. 克劳斯工段硫回收率低的原因及调节方法？

答：原因：

1）尾气中 H_2S/SO_2 比值不合适。

2）克劳斯反应器入口温度偏低或偏高。

3）克劳斯催化剂活性下降。

4）硫捕集器效率低。

5）硫冷凝器后尾气温度高。

6）装置负荷偏高或偏低。

7）酸性气浓度偏低。

调节方法：

1）投用 H_2S/SO_2 在线分析仪，控制尾气中 H_2S/SO_2 之比。

2）把反应器入口温控制在工艺指标内。

3）催化剂进行热浸泡、再生操作或更换催化剂。

4）硫捕集器更换丝网。

5）降低硫冷凝器蒸汽压力。

6）搞好装置平稳运行。

7）平衡酸性气管网酸气平衡分配。

第二节　硫黄装置常见问题及处理措施

1. 废热锅炉停车后必须采取哪些保护措施？

答：一是关闭炉头燃料气、蒸汽、各种废气工艺流程；二是对汽包和换热管进行湿法保护或者低压蒸汽保护。

2. 废热锅炉汽包缺水的原因分哪些？

答：1）汽包水位上水阀故障，上水量减少；2）水位报警器错误报警；3）在保持水量不变情况下，过程气量升高，加大了汽包蒸发强度；4）汽包上水阀正常，但给水流量小于蒸汽流量；5）定排量过大，导致水位不足；6）锅炉汽包连排量过大，上水阀全开情况下，无法满足上水要求，水位下降

3. 废热锅炉汽水共腾的原因有哪些？

答：1）炉水质量不合格；2）未按规定进行排污；3）炉内汽水分离装置失效；4）负荷变化大。

4. 尾气处理单元烟气 SO_2 排放偏高的原因及调节方法是什么？

答：原因：

1）尾气加氢反应器床层温度偏低。

2）尾气加氢反应器催化剂失活。

3）尾气中 H_2 含量偏低。

4）克劳斯工段硫转化率偏低。

5）吸收塔气液接触效果差。

6）吸收塔温度偏高。

7）精贫液中 H_2S 含量偏高。

8）装置低负荷尾气加氢反应器发生偏流。

调节方法：

1）提高尾气净化应器入口温度。

2）对催化剂进行预硫化或再生操作。

3）提高氢气流量或降低空气/燃料气配比。

4）优化克劳斯工段操作。

5）平衡尾气吸收塔贫胺液入塔流量。

6）降低尾气和贫液温度。

7）提高再生塔蒸汽/富液配比。

8）投用过程气抽射器，建立低处理量循环。

5. 硫黄质量差的原因及调节方法是什么？

答：原因：

1）酸性气中烃含量高，硫黄发黑。

2）反应炉空气/酸性气配比小，硫黄碳含量高。

3）反应炉空气与酸性气混合效果差，硫黄碳含量高。

4）反应炉温度过低，硫黄中有机物含量高。

5）液硫池脱气部分液位低硫黄中 H_2S 量高。

6）空气鼓泡器空气流量低，硫黄中 H_2S 含量高。

7）液硫脱气系统未投用或投用不畅，硫黄中 H_2S 含量高。

调节方法：

1）及时联系上游装置，提高反应炉配风比。

2）适当调大反应炉空气/酸性气配比。

3）提高反应炉烧嘴空气和酸性气压降。

4）提高反应炉炉膛温度。

5）关紧液硫池底部连通阀。

6）调大空气鼓泡器空气流量。

7）投用液硫脱气系统。

6. 净化尾气 H_2S 含量偏高的原因及调节方法是什么？

答：原因：

1）吸收塔入口精贫液中 H_2S 含量偏高。

2）吸收塔温度过高。

3）吸收塔气液相接触效果差。

4）吸收塔气相负荷不足。

5）吸收塔入口尾气中 H_2S 含量偏高。

6）贫液中 MDEA 浓度过低。

7）吸收塔溶剂负荷过大。

8）溶剂中 MDEA 老化。

9）吸收塔入口贫液流量分配不合适。

10）溶剂中 CO_2 吸收过多。

调节方法：

1）提高再生塔蒸汽/贫液配比。

2）降低尾气和贫液入塔温度。

3）平衡吸收塔入口贫液流量。

4）调节装置负荷，使吸收塔气相负荷满足生产要求。

5）优化克劳斯工段操作。

6）向溶剂中加入一定新鲜的 MDEA。

7）提高吸收塔溶剂循环量。

8）更换部分溶剂。

9）平衡吸收塔入口贫液流量。

10）平衡酸性气管网酸性气分配，改高浓度酸性气入尾气处理装置，减少过程气 CO_2 含量。

7. 贫液中 H_2S 含量偏高的原因及调节方法？

答：原因：

1）再生塔底部温度偏低。

2）再生塔压力偏高。

3）再生塔气/液相负荷不合适。

4）重沸器壳程液位过高。

5）富液中 CO_2 含量偏高。

6）再生塔顶部温度过低。

调节方法：

1）提高再生塔蒸汽/溶剂比值。

2）控制好再生塔压力。

3）调整再生塔蒸汽/溶剂比值。

4）从酸性水回流泵排出部分酸性水。

5）加强再生塔溶剂再生操作，增加富溶剂中 CO_2 的析出量。

6）适当降低吸收塔顶部回流量或提高富液入塔温度。

8. 克劳斯工段什么情况下需正常停工？正常停工有什么要求？

答：克劳斯工段的设备和管线需要维修以及反应器催化剂需要更换时，该工段必须进行正常停工。克劳斯工段正常停工要求去除催化剂床层所有硫和硫化铁，并把设备降至常温，此工段需进行如下操作：

1）催化剂热浸泡。

2）酸性气改出装置。

3）酸性气管线惰性气体吹扫，反应器催化剂钝化。

4）炉子和反应器降温。

9. 汽包的两种排污方法各有什么目的？

答：汽包排污，按操作时间可分为定期排污和连续排污。

定期排污又称间断排污，即每间隔一定时间从锅炉底部排出沉积的水渣和污垢，间断排污一般 8~24h 排污一次，每次排 10~15min 时间，排污率不少于 2%，间断排污以频繁、短期为好，可使汽包水均匀浓缩，有利于提高蒸汽质量。

连续排污是指连续排出浓缩的锅炉水，主要目的是为了防止锅炉水的含盐量和含硫量过高，排污部位多设在锅炉水浓缩最明显的地方，即汽包水位下 200~300mm 处。通常根据汽包水水质分析指标调整连续排污量。

10. 装置溶剂采样时能否用普通透明玻璃瓶存取样品？为什么？

答：装置溶剂采样时不能用普通透明玻璃瓶，而应该用棕色的塑料瓶或玻璃瓶，因为样品溶剂中溶解有一定量的 H_2S、CO_2 气体，如果用普通透明玻璃瓶存取样品，样品容易受光照而使其中的气体组分挥发，影响样品分析的准确度。

11. 冬天发现阀门被冻堵时，应该如何处理？

答：冬天发现阀门被冻堵时根据工艺介质情况针对性处置。

1）若被冻堵阀门无保温、伴热，在临近蒸汽分配器处连接胶皮管，将胶皮管均匀的缠绕在阀体上，缓慢打开蒸汽，用临时蒸汽伴热的方式对阀门进行加热。

2）若被冻堵阀门有保温伴热，检查伴热输水情况，将疏水阀停用后改为就地放空，加大伴热蒸汽流量；检查保温情况，若保温破损造成的冻堵，及时修复保温，减少阀门散热量。

12. 安装时要考虑安装方向的阀门有哪些？

答：安装时要考虑安装方向的阀门有：截止阀、单向阀、减压阀、自力阀、安全阀、轨道球阀等。

13. 克劳斯燃烧空气是怎样控制的？

答：根据酸性气组分，计算燃烧空气总需求量。其中 80%~90% 燃烧空气利用主风阀进行调节控制，剩余 10%~20% 燃烧空气，结合装置尾气中 H_2S/SO_2 的比值，利用微风阀进行调整，总体实现酸性气配风前馈、反馈控制，保证克劳斯单元有较高的硫黄收率。

14. H_2S/SO_2 比值波动大的原因及处理方法？

答：原因：一是原料量波动大，自动调节滞后；二是调节器比例、积分、微分不合适。

处理方法：改手动调节配风，平稳原料量，投用好酸性气压力、流量串级控制；重新整定调节器 PID。

15. H_2S/SO_2 直线无变化的原因及处理方法？

答：原因：1）在线分析仪失灵；2）在线分析仪未投。

处理方法：增加尾气 H_2S、SO_2 化验分析频率；通过加氢反应器床层温升判断配风大小。

16. 反应炉温度大幅波动的原因及处理方法？

答：原因：1）酸性气带烃；2）酸性气带液。

处理方法：1）适当降低酸性气负荷，提高配风量；2）酸性气分液罐及时排液。

17. 反应炉温度快速下降或为零的原因及处理方法？

答：原因：1）温度指示失灵；2）反应炉联锁停炉。

处理方法：及时联系仪表处理；检查反应炉停炉原因，重新点炉开工。

18. 一级反应器入口温度的控制方法？

答：一级反应器入口温度影响 H_2S 和 SO_2 反应转化率以及 CS_2 和 COS 水解率，一级反应器入口蒸汽加热流量调节阀与一级反应器入口温度控制器构成自动控制系统，达到控制克劳斯反应器 R-301 入口温度的目的。

19. 简述二级反应器入口温度的控制方法。

答：二级反应器入口温度影响 H_2S 和 SO_2 的反应转化率，二级反应器入口温度是通过温度控制器与加热蒸汽流量调节阀自动调节，以达到控制克劳斯二级反应器 R-302 入口温度的目的。

20. 简述克劳斯反应器入口温度大幅波动的原因及处理方法。

答：原因：1）蒸汽温度、压力波动大；2）蒸汽控制阀震荡不稳；3）酸性气带烃。

处理方法：1）投用自动控制，调整好 PID；2）联系仪表处理，改手动控制；3）适当降低酸性气负荷，提高配风量

21. 简述反应器入口温度快速下降的原因及处理方法。

答：原因：

1）加热蒸汽控制阀失灵全关。

2）温度指示失灵。

3）第一硫冷凝器内漏。

处理方法：

1）立即改手动打开调节阀副线调节。

2）联系仪表工处理恢复。

3）视情况停工处理。

22. 余热锅炉的控制方式是什么？

答：余热锅炉液位控制、锅炉给水流量控制、高压蒸汽流量测量构成余热锅炉三冲量液位控制回路，用以控制余热锅炉汽包的液位。余热锅炉汽包的液位主要由锅炉给水流量调节来控制，以维持进入汽包的除氧水流量稳定。当锅炉液位高于或低于设定液位点时，由液位控制器与高压蒸汽流量显示变化情况信号加和判断后，调整流量控制器。当锅炉汽包液位下降、高压蒸汽流量上升，锅炉水流量增加，调节阀输出增大，使液位回复正常。三个余热锅炉液位变送器信号进行三取中操作。

23. 余热锅炉液位控制影响因素及调节方法有哪些？

答：影响因素：1)除氧水流量调节器。
2) 除氧水压力、流量波动。
3) 蒸汽压力流量波动。
4) 过程气流量及温度变化。
调节方法：1)上水流量调节器输出增大，液位升高，输出减少，液位降低。
2) 投好三冲量控制系统，克服液位波动。
3) 投好蒸汽压力控制、三冲量控制系统。
4) 过程气流量大，温度高，液位降低，上水阀开大，应投好三冲量控制系统。

24. 余热锅炉液位低的原因及处理方法是什么？

答：原因：1)系统除氧水压力低。
2) 上水流量调节器失灵。
3) 排污量过大。
处理方法：联系公用工程提高脱氧水压力，联系仪表工处理，避免定期排污阀门开度过大。

25. 余热锅炉液位高的原因及处理方法是什么？

答：原因：1)上水流量调节器全开。
2) 液位指示失灵。
3) 排污量过小。
处理方法：1)立即改手动，调节阀副线控制，联系仪表工处理恢复。
2) 加大排污量。

26. 锅炉运行调整的目的是什么？

答：1)均匀进水，维持汽包正常水位。
2) 维持正常蒸汽压力和温度。
3) 保证所产蒸汽品质合格。
4) 维持出口过程气温度。

27. 锅炉汽包运行水位控制的方法和要求有哪些?

答:1)汽包就地水位计是锅炉基准水位计,必须保持通畅、清洁、完整、无泄漏,使水位显示无误。

2)每班接班后按水位计冲洗顺序冲洗水位计一次,并将仪表指示的水位与就地水位进行对照,如果误差过大,应通知仪表工来处理。

3)运行中发现汽包就地水位计与仪表水位不符时,应首先冲洗汽包就地水位计,使水位显示正确。

4)在正常情况下,应使用给水自动调节上水,不许随便改手动上水。

5)给水自动调节发生故障,不能进行自动调节或调节不良,如水位波动大、给水流量不稳,应及时改手动上水。给水量的变化应该平稳,不允许大开大关。

6)水位偏高时,不允许突然将给水量降到当时负荷的80%以下,可采用紧急排水法降低汽包水位。

28. 锅炉汽包水位计冲洗程序有哪些?

答:1)开启放水阀,冲洗水管、气管及石英玻璃管。

2)关闭下游水阀,冲洗汽管和玻璃管。

3)开启下游水阀,关闭上游汽阀,冲洗水管。

4)开启上游汽阀,关闭放水阀,检查水位,应微微上下波动。

5)关闭放水阀后,水位应很快上升,如上升缓慢,则表示有堵塞现象,应再冲洗,直到正常为止。

29. 锅炉连续排污的要求有哪些?

答:1)排污的投用和调整,在正常情况下由操作工根据炉水品质进行。

2)连续排污水应进入排污冷却器,不允许直接放地沟。

3)水碱度不大的情况下,可以减少连续排污量,但不得停止连续排污。

30. 定期排污的要求有哪些?

答:1)正常情况下,每天白班进行定期排污一次,当给水或炉水品质恶化,按需要增加排污次数。

2)排污操作程序:全开一次阀,再开二次阀进行排污,每次排污应根据炉水质量调整排污量在锅炉容积的2%~3%范围内。停止排污时,应先关闭二次阀,后关一次阀。

31. 锅炉排污的注意事项有哪些?

答:1)排污前,与室内做好必要的联系。

2)排污时操作人员不准离开现场。

3)严重泄漏的阀门及阀杆弯曲的阀门不可进行排污,并报告单元进行处理。

4)特殊情况下,为了快速换水,不允许边上水边排污,以免破坏水循环。

32. 遇到哪些事故, 锅炉应立即停止运行并汇报调度?

答: 1) 缺水, 在经过检查确认水位计看不到水位时。

2) 满水, 超过汽包水位计上部可见水位, 且经过放水仍不能很快恢复正常时。

3) 爆破, 无法维持锅炉正常水位时。

4) 水位计或安全阀失效时。

5) 某元件损坏, 对运行人员有危险时。

33. 中压余热锅炉缺水的现象有哪些?

答: 1) 汽包水位计低于规定的正常水位或看不见水位。

2) 缺水严重时, 蒸汽温度上升, 锅炉出口过程气温度上升。

3) 上水流量不正常且小于产生蒸汽流量(炉管爆裂时现象相反)。

34. 中压余热锅炉汽包缺水的原因有哪些?

答: 1) 操作人员疏忽大意, 对水位监视不够或误操作。

2) 锅炉水自动调节器失灵, 未能及时发现。

3) 锅炉水管路或给除氧水泵发生故障, 导致给水压力或给水量下降。

4) 液位计指示不准确。

5) 炉管破裂。

6) 排污太大或排污阀泄漏。

35. 中压余热锅炉汽包缺水的处理方法有哪些?

答: 1) 事故发生后, 操作人员应沉着冷静, 检查是不是真正缺水。

2) 锅炉汽包水位低于正常水位但是汽包水位还能看见水位, 此时应增大给水量, 并减小锅炉放水及排污。如水位继续下降, 可联系降酸性气负荷操作; 如采取上述措施仍无效, 且水位从水位计中消失, 应立即停工。

3) 锅炉汽包水位计内没有水位, 通过水位计冲洗后, 出现水位时应谨慎的加强锅炉上水, 并密切观察水位变化。如经冲洗后仍无水位, 应立即停工, 严禁给锅炉上水, 及时向区域(或值班人员)汇报。

36. 中压余热锅炉汽包水满的现象有哪些?

答: 1) 汽包水位超过规定的正常水位。

2) 蒸汽温度下降。

3) 锅炉给水流量不正常且大于蒸汽流量。

4) 余热锅炉汽包满水时, 蒸汽管发生水击。

37. 中压余热锅炉汽包水满的原因有哪些?

答: 1) 水位监视不够。

2) 水自动调节器失灵, 未及时发现。

3）汽包液位指示不准确，以致产生误操作。

38. 中压余热锅炉汽包水满的处理方法有哪些？

答：1）汽包压力及给水压力正常而汽包水位超过正常水位时，首先应检查冲洗水位计，检查水位是否准确。若水位确实高，可将上水自动改为手动，减少给水量。

2）通过上述处理后，汽包水位仍上升，超过汽包水位计上的最高允许水位时，应开启紧急放水阀进行放水并停止上水，放水时需要有专人负责监视水位计，当水位降到正常水位时，停止放水。

39. 中压余热锅炉破管的现象有哪些？

答：1）锅炉内有异常声响。

2）汽包水位迅速下降，给水流量不正常但是大于蒸汽流量。

3）锅炉出口过程气温度下降。

40. 中压余热锅炉破管的原因有哪些？

答：1）炉管内结盐结垢，腐蚀。

2）炉管材质不合格或者制造安装时焊缝质量不合格。

3）锅炉设计制造不合理，水循环不良。

4）停炉过急，致使管子受热不匀，膨胀不良，引起涨口漏水。

5）短期超负荷或低负荷运行，使水循环破坏。

41. 中压余热锅炉破管的处理方法有哪些？

答：1）炉管破裂，泄漏不大，不致影响水位和邻近管子时，可维持短时间低负荷运行并及时向值班人员汇报准备停炉。

2）炉管破裂，漏水严重或在维持运行中恶化，不能维持水位时，应立即停工。

42. 中压余热锅炉汽水共腾的现象有哪些？

答：1）汽包水位计剧烈波动，看不清楚。

2）声光报警间断发出水位低或水位高的信号。

3）蒸汽含盐量增加，炉水品质恶化。

4）饱和蒸汽温度剧烈下降，减温水量减少。

5）严重时，蒸汽管路发生水击，甚至泄漏。

43. 中压余热锅炉汽水共腾的原因有哪些？

答：1）炉水品质恶化，没有进行及时排污。

2）液位过高，炉水在极限浓度时负荷剧增。

3）炉水中含油，串碱或者加药不正常。

44. 中压余热锅炉汽水共腾的处理方法有哪些？

答：1) 加大连续排污和增加定期排污次数进行换水，在换水过程中，不允许水位低于汽包水位计的最低水位。

2) 根据蒸汽温度情况，关小或停止减温水。

3) 如果给水带油或串碱，设法解决给水品质，并加大排污，强制排水。

4) 加强炉水分析。根据分析结果，调整排污，控制炉水在规定指标内。

5) 发现问题时，应及时向调度汇报，降低负荷，维持锅炉稳定运行。

45. 反应炉操作的注意事项有哪些？

答：1) 控制好酸性气温度，稳定酸性气压力、流量。

2) 按照工艺卡片指标控制好反应炉炉膛温度，反应器进口温度。

3) 保持炉膛明亮，火嘴燃烧良好，检查反应炉内耐火材料有无异常情况，调整好空气/酸性气比例。

4) 定期对酸性气、燃料气分液罐进行排液。

5) 做好余热锅炉、硫冷凝器液位控制，防止余热锅炉发生"干锅"，减少非计划停工。

46. 反应炉点火前要做哪些准备？

答：1) 反应炉检修完毕，做到工完、料尽、场地清，经验收合格。

2) 按照工艺要求引低压蒸汽、氮气、净化风、燃料气等到反应炉前，主燃料气控制阀排凝处接临时移动火炬进行现场点火燃烧稳定后关闭。调整好长明灯仪表风和燃料气自立式调节阀压力。

3) 电气、仪表检查和调校各仪表及联锁系统与开工程序。

4) 空气、燃料气管线上的阀门，副线阀关闭，进炉手阀关闭。余热锅炉液位至50%、硫冷凝器加液位至85%左右。

5) 长明灯是否能够打火，克劳斯风机、主燃烧器具备投用条件。

47. 硫黄回收单元气密性试验的目的与要求有哪些？

答：1) 过程气管线和设备空气吹扫完毕，酸性气和燃料气管线和设备蒸汽吹扫完毕，溶剂吸收和再生系统水冲洗完毕。

2) 进一步检查阀门、法兰、管线有无泄漏现象。

3) 对酸性气、燃料气系统的设备、管线，过程气系统的设备、管线在试压的基础上还必须做气密性试验。

4) 设备做气密性试验时应防止设备超压，升、降压应该缓慢，升压时派专人盯牢现场压力表。

5) 发现漏点应做好记录，及时通知施工单位处理，直到无泄漏为止。

6) 预先准备好肥皂水、吸球、刷子、盲板等气密工具。

48. 气密性试验的注意事项有哪些？

答： 1）仪表引出线可在吹扫干净的基础上一同气密。

2）达到气密试验压力后保持压力 10min 后检查泄漏情况。

3）试验时升压要缓慢，达到指标后要逐一检查各焊缝、法兰、人孔、阀门、仪表引压点等处。

4）引 N_2 时要缓慢，注意控制压力。

5）充 N_2 操作时注意安全，防止 N_2 窒息现象，加强人员管理。

49. 开工过程中装置临时停工再启动时，注意事项有哪些？

答： 1）装置在投入生产而临时停工后，启动的方法取决于装置关闭时所处的环境、关闭时间的长短及其现有的条件。除非关闭过程中装置中所有的硫已除去，在装置（特别是 Claus 区）某些部分会有残硫，它们在足够高的温度下会与空气接触燃烧。并且，如果还原催化剂仍处于硫化状态或有硫在催化剂上，也不允许有氧气与它们接触。

2）每当装置重新启动，要监视所有的温度，尤其是反应器中的温度。如果温度迅速上升，装置应停工并用氮气吹扫冷却。

3）一旦设备温度低于 150℃，可小心利用空气来完成 CLAUS 部分的冷却。连续监测 CLAUS 部分的温度以检验是否有硫化亚铁硫着火。

50. 硫黄装置热启动注意事项有哪些？

答： 1）硫黄装置停机时间小于 800s，克劳斯炉温度高于 800℃，运行克劳斯炉热启动。如果装置由紧急事故导致系统关闭，先要确定导致停工的问题已全部解决。

2）彻底检查包括锅炉、硫冷凝器、液硫系统是否正常。

3）检查所有的空气、酸气进料气阀位于关闭状态。

51. 正常停工怎样热浸泡？

答： 提前 24h 进行热浸泡。燃烧操作条件不变，提高两个反应器的入口温度，使催化剂上的硫蒸发出来，被气流带走。除硫操作时一级反应器入口温度为 230℃，二级反应器入口温度为 230℃。

52. 硫黄单元停工热浸泡后如何对催化剂进行钝化操作？

答： 热浸泡 24h 后，切断燃烧炉的酸气，改烧燃料气。在主燃烧炉中，利用燃料气和空气的化学当量燃烧，可得到惰性气体。向主燃烧炉供应蒸汽是为了防止燃烧室衬里过热和增加通过装置的惰性气体流量。蒸汽和燃料气之比约为 4：1。切换时要内外操配合，保证安全。

53. 怎样确认除硫完毕？

答： 检查各级硫封没有硫黄流出，就可认为 H_2S、SO_2 和硫蒸汽已被置换干净。通常需要 48h。

54. 正常停工操作时的停工准备有哪些?

答: 1)联系调度做好装置停工准备。

2)准备好装置停工的各种用具和劳保用品。

3)协调好与溶剂再生、酸性水装置相关的管线启停及吹扫工作。

4)岗位人员学习并掌握装置停工方案及有关安全环保知识,并考试合格。

5)作业区安排好装置停工人员。

6)作业区落实和安排好装置停工检修项目。

7)检查停工所需的化工原材料是否准备齐全。

8)检查 DCS 停工程序是否正常好用。

9)检查现场盲板是否准备,有否向检修单位交底。

10)检查放火炬线是否畅通。

55. 催化剂热浸泡的步骤是什么?

答: 1)内操确认各操作参数在工艺指标内。

2)外操确认现场巡回检查没有发现严重的跑冒滴漏现象。

3)外操各重要设备运行未发现异常。

4)内操提高克劳斯反应器床层温度 30℃,催化剂热浸泡 24h。

5)内操切除酸性气低流量联锁。

6)内/外操逐步降低酸性气流量,酸性气流量中断后,酸性气切断阀关闭,同时,通知外操打开燃料气进炉手阀,内操打开燃料气切断阀,通过流量调节器逐步加燃料气量,转入惰性气体吹扫置换阶段。酸性气切断阀关闭后,外操自切断阀后给氮气,将酸性气管线中残余酸性气顶入反应炉。

56. 克劳斯催化剂钝化的步骤是什么?

答: 1)把第一、第二克劳斯反应器床层温度降至 150℃;

2)提高反应炉空气和燃料气配比,缓慢从燃料气中引入多余空气,并通过人工分析控制克劳斯尾气 O_2 的含量约为 1%(V),此时操作人员应密切注意反应器床层温度,一旦发现温度上升趋势,并超过 230℃,应立即减少反应炉配风量,若温度继续上升则用低压蒸汽或 N_2 降温;

3)继续密切注意反应器床层温度和尾气中 SO_2 含量,增加装置操作数据记录的频率,并把数据进行列表分析;

4)逐步增加反应炉配风量,燃烧气中引入过量的空气,同时反应炉和反应器降温;

5)反应炉温度以每小时 25~40℃ 的速度降至 700℃ 左右时,焚烧炉开始降温。

6)当反应炉和焚烧炉温度降至 500℃ 左右时,关严燃料气入装置阀,把剩余燃料气烧光,反应炉和焚烧炉熄火,安全联锁动作,反应炉和焚烧炉的空气和燃料气切断阀关,反应炉氮气切断阀开。

57. 硫黄回收系统压力高的原因及处理方法有哪些?

答: 硫黄回收系统压力高的原因及处理方法见表 4-1。

表 4-1　硫黄回收系统压力高原因及处理方法

影响因素	现象	原因判断及处理方法
A. 反应器床层积碳 B. 反应器床层积硫 C. 硫冷凝器管束堵塞 D. 硫冷凝器液硫线堵塞 E. 硫冷凝器丝网堵塞 F. 硫冷凝器管束泄漏 G. 硫封罐过滤网堵塞 H. 装置负荷超高 I. 捕集丝网堵塞 J. 急冷塔塔盘积硫 K. 急冷塔丝网堵塞 L. 吸收塔填料、丝网堵塞 M. 酸性气大量带水进炉	1)炉头压力显示高于正常值 2)系统各点压力偏高 3)反应器床层压差偏高 4)硫封冲破 5)酸性气进炉不畅或不能进料 6)硫冷凝器操作参数异常 7)液硫探窗有蒸汽冒出 8)液硫探窗无液硫或流量明显偏小 9)局部管线出现压差异常 10)炉温下降，炉压上升	1)反应器床层进行除硫、除碳操作 2)检查硫冷凝器有无泄漏或堵塞，视情况进行处理 3)紧急停工对堵塞的丝网进行清洗或更换 4)降低硫冷器液位，提高蒸汽压力使堵塞硫黄熔化 5)加强排液，必要时停进料

58. 酸性气带烃的原因及处理方法有哪些？

答：酸性气带烃原因及处理方法见表 4-2。

表 4-2　酸性气带烃原因及处理方法

影响因素	现象	原因判断及调节方法
A. 溶剂再生富液烃含量超标 B. 溶剂再生富液闪蒸罐闪蒸效果不好 C. 污水汽提进料油含量超标	1)反应炉温度大幅波动 2)焚烧炉温度迅速升高 3)系统压力升高 4)反应炉火焰发暗 5)硫黄颜色发黑	1)一般带烃及时提高反应炉风/气比，调整焚烧炉温度在指标内 2)长时间严重带烃汇报调度，将酸性气改出硫黄装置，装置燃料气热备用 3)及时将液硫改出液硫池 4)上游装置加强脱气除油操作

59. 液硫线堵塞的原因及处理方法有哪些？

答：液硫线堵塞原因及处理方法见表 4-3。

表 4-3　液硫线堵塞原因及处理方法

影响因素	现象	原因判断及处理方法
A. 蒸汽压力不足，硫黄凝固	1)用固硫试验液硫线不化	1)提高伴热蒸汽压力
B. 液硫线夹套内管杂物堵塞	2)硫封罐液硫量减少或无液硫	2)定期清理疏水器以确保拌热管线畅通
C. 硫封堵塞	3)系统压力缓慢升高	3)定期清理液硫硫封罐顶部 V 型过滤器，使液硫夹套内管保持畅通

60. 硫封冲破的原因及处理方法有哪些？

答：硫封冲破原因及处理方法见表 4-4。

表 4-4　硫封冲破原因及处理方法

影响因素	现象	原因判断及处理方法
A. 系统压力瞬间超高 B. 系统液硫堵塞 C. 床层压降高 D. 尾气后路堵	1) 过程气外溢 2) 周围环境恶化 3) 人无法靠近	1) 降低处理负荷 2) 找出系统压力瞬间超高的原因及时处理 3) 戴好防毒面具，间断启闭该硫封罐入口阀门，使硫封自然形成

61. 硫黄池温度高的异常原因及处理方法是什么？

答： 硫黄池温度高的异常原因及处理方法见表 4-5。

表 4-5　硫黄池温度高的异常原因及处理方法

影响因素	现象	原因判断及处理方法
A. 脱气空气量太大 B. 废气后路不通	1) 气相温度达到 170℃ 2) 硫池通风口冒烟	1) 停脱气空气或脱气系统联锁 2) 通入低压蒸汽降温灭火 3) 检查后路系统，确保通畅

62. 硫黄装置反应炉常用什么温度计？其工作原理是什么？

答： 反应炉测温常用的是红外线测温仪，其工作原理是根据所有在绝对零度以上的物体都会发出红外光，所发红外光的数量与物体的温度相对应，通过吸收这种红外辐射能量，测出温度及温度场的分布情况，红外热电偶温度测量系统的"心脏"是 PULSAR2 宽量程非接触式测温元件(温度计)，它通过一个可调焦的光学设备来收集这些红外光并传输到红外检测器，再利用一个特殊的放大电路转换成线形的标准输出 1mV/1C 和 4~20mA。

63. 简述反应炉微调空气流量的反馈控制方案。

答： 克劳斯尾气在线分析仪 H_2S/SO_2 比值直接影响装置硫转化率，装置尾气中 H_2S/SO_2 比值是通过在线分析仪需氧量与微调空气流量调节器反馈控制和总酸性气需氧量与主空气流量调节器前馈控制来共同调节实现的。

64. 简述废热锅炉液位串级的控制方案。

答： 余热锅炉汽包的液位主要由流量调节阀来控制，以维持进入汽包的锅炉给水流量稳定。当锅炉液位高于或低于设定液位点时，由液位控制器将会调整流量控制的设定点，使液位回复正常。3 个余热锅炉液位变送器信号进行三取中操作。

当余热锅炉热负荷突然发生变化时，液位控制器检测到的液位变化可能会引起流量控制阀的误操作。如果热负荷突然增加，首先会导致余热锅炉除氧水中出现大量气泡，气泡的出现会降低除氧水液相密度，将会造成即使汽包内的除氧水量实际上减少了，但液位测量却显示液位上升，此时液位控制器会错误地降低锅炉给水量。为防止上述情况下控制阀的误操作，将高压蒸汽流量信号引入控制系统，当液位和发生蒸汽量同时上升时，废液锅炉液位控制阀将增加余热锅炉汽包锅炉给水的补充量。

65. 天然气净化厂停电的处理原则是什么？

答：1）电力调度确认电力系统停电，并汇报生产管理中心，查明停电范围及原因。

2）应急值班工程师同时手动旋出中控室公用工程操作区辅助操作台两个"全厂保压"按钮，触发天然气净化厂一级联锁关断，并立即汇报生产管理部，同时启动全厂应急广播。

3）各生产车间确认停工装置状态，确保仪表、阀门联锁到位；并停运汽驱设备。

4）电气人员对电力设备进行检查、复位，确保电力设备可靠。

5）密切关注高、低压火炬系统各水封罐液位，确保火炬安全燃烧。

6）公用工程加强图幅管线及伴热疏水排凝，防止水击；水处理站注意凝结水回用情况；关闭雨水监控池外排阀。

7）恢复供电后，维保站组织检查确认变电所及全厂各开闭所、低压配电室设备状态。

8）供电正常后，各车间检查现场电气设备状态，准备复产。

9）公用工程按照净化水场、空分空压站、循环水场、水处理及凝结水站、动力站顺序开工。

10）公用介质供给正常后，东西区装置逐列交替开工。

11）联合装置运行平稳后，储运系统投运成型机，净化厂恢复正常生产。

66. UPS 故障如何处理？

答：装置 UPS 不间断电源发生故障，DCS 失电，SIS 系统发生动作：

1）汇报调度，装置作紧急停工处理。

2）联系仪表和电气，检查 UPS 故障原因。

3）UPS 故障消除后，装置按开工程序尽快恢复正常。

67. 天然气净化厂一级关断内部触发条件是什么？

答：1）天然气净化厂出厂总管发生爆裂。

2）天然气净化厂停电、停水、停净化风、停氮气。

3）天然气净化厂东、西区原料气管线任意一条爆裂。

68. 单列装置停仪表风事故如何处理？

答：装置停仪表风后各切断阀和调节阀进入安全位置，因此装置实际上进入了紧急停工状态，操作人员迅速汇报调度，把酸性气全部改至另一系列的硫黄回收装置，并及时调整原料气处理量，防止酸性气超负荷同时关闭尾气焚烧炉各观火孔；了解停仪表风原因，一旦装置恢复供风，按装置正常开工步骤首先点燃尾气焚烧炉，待尾气焚烧炉正常工作后依次恢复硫黄回收、尾气处理单元操作。

69. 装置停原料气如何处理？

答：若停酸性气时间较短，克劳斯炉、加氢炉焖炉处理，废热锅炉、硫冷凝器、加氢反应器后冷器蒸汽改放空，酸性气供应恢复后，装置迅速开工；若停酸性气时间较长，克劳斯炉切燃料气燃烧模式热备，尾气加氢系统建立开工循环热备，酸性气供应恢复后，装置迅速开工；若长时间停酸性气，硫黄回收、尾气处理单元按正常停工程序停工，尾气焚烧炉正常运行。

70. 液硫管线堵塞如何处理？

答： 1）管线夹套伴热不足，引起硫黄凝固：打开该管线蒸汽疏水器前后排污阀，吹扫干净夹套内脏物，以确保伴热管线畅通，熔化凝固的硫黄，更换故障的疏水器，恢复冷凝水回收流程，液硫管线投入正常运行。

2）夹套内管杂物堵塞引起：拆卸十字头，疏通内管杂物。

71. 液硫池硫黄着火事故如何处理？

答： 若液硫池发生着火事故，操作人员应立即停止液硫脱气系统，关闭废气入尾气焚烧炉/克劳斯炉流程，然后打开液硫池消防蒸汽，扑灭火焰，待液硫池气相温度、液硫温度恢复正常后，关闭消防蒸汽阀，投用液硫脱气系统。

72. 废热锅炉烧干后如何处理？

答： 废热锅炉设置了低液位停车联锁，一旦液位低于设定值，装置安全联锁就发生动作，装置紧急停工，若废热锅炉液位低于设定值，安全联锁没有发生动作，则有可能造成废热锅炉烧干。一旦发现废热锅炉烧干，操作人员应迅速按下现场或操作室内装置紧急停车按钮，装置作紧急停工处理，同时汇报调度联系仪表，打开废热锅炉壳程蒸汽放空阀泄压，并根据废热锅炉烧干情况作出相应处理。若锅炉还有一定液位，废热锅炉加锅炉水至正常液位，装置恢复生产；若废热锅炉烧干，缓慢通入蒸汽冷却，然后再加入锅炉水，并根据烧干情况确定恢复生产还是停工检修。

73. 硫化氢泄漏如何处理？

答： 1）汇报调度室、值班领导，启动硫化氢泄漏应急预案。

2）佩戴好正压式空气呼吸器，到达现场，设置警戒区域，疏散无关人员。

3）查找泄漏准确位置，若能立即处理消除的则立即消除，不能消除的装置作紧急停工处理，管线或设备切出，上好盲板，经吹扫合格后，联系检修单位施工。

4）结束应急预案。

74. 装置硫化氢泄漏并发生人员中毒事故如何处理？

答： 1）硫化氢泄漏并发生人员中毒事故，抢险人员立即戴好空气呼吸器，进入毒区迅速将中毒者救出有毒区域，并视情况是否进入现场急救，同时关闭阀门，切断毒源。

2）事故的当事人或发现人应立即向应急救援中心报警并向调度室、值班领导汇报，报警内容：①发生事故的地点。②毒物的名称。③泄漏的部位和扩散情况。④人员中毒情况。

3）注意事项：

①应迅速将中毒者脱离毒区，正确静卧于空气新鲜和温度适宜的地方。

② 脱去中毒者被毒物污染的衣服，并将身上的毒物抹洗干净。清除口内污染物，保持呼吸道畅通，根据气候条件，注意保暖。

③ 凡中毒者有面色青紫的缺氧现象，应及时输氧。

④ 如发现中毒者呼吸停止，应迅速正确施行口对口人工呼吸或用苏生器急救；如发现中毒者心跳停止，应立即正确施行心肺复苏术急救。

4）急救程序：

① 放置妥病人的体位，把病人放置水平，仰卧背靠硬板或硬地。通畅气道，去除口腔中引起气道阻塞的污物。通常可用一手抬举颈部或抬举下颏，对已有颈部损伤者，则常抬举下颏而不抬举颈部使其头后仰。

② 判断病人有无自主呼吸。

③ 人工呼吸：人工呼吸的方法很多，但现场最常用最有效的是口对口人工呼吸。具体方法如下：操作者用一手的拇指和食指捏住患者的鼻孔，深吸一口气后，使口唇与病人口唇外缘密合后吹气(若患者牙关紧闭，则可改为口对鼻呼吸)。在复苏开始时，应先予以 4 次快速吸气后的大吹气，以后则每次胸外挤压 15 次，连续快速吹气 2 次；若有两人操作，可每 5 次胸外挤压后，予以吹气一次。

④ 判断病人有无脉搏：可用手触摸病人的颈动脉有无搏动来断定。

⑤ 人工胸外挤压：操作者一手掌根置于患者胸骨下半部，并与胸骨长轴平等，另一手掌根重叠于前者之上，双肘关节伸直，自背肩部直接向前臂，掌根垂直加压，使胸骨下端下降 4~5cm，挤压后应放松，使胸部弹回原来形状。一般成人，若单人操作每分钟挤压 80 次，若两人操作则 60 次。若操作有效，则后颈动脉或股动脉可能有搏动。

⑥ 操作时应防止肋骨骨折、胸骨骨折、气胸肺挫伤、肝脾破裂等并发症的发生。

⑦ 现场急救要坚持到气防救护人员，医院急救人员到现场方可结束。

75. 简述克劳斯装置酸性气质量的主要控制措施。

答：1）严格控制溶剂品质，加强过滤和胺液净化。

2）调整脱硫单元胺液入塔温度，贫液、半富胺液入口温度应在气相温度之上，温差不得超过 5℃。

3）通过调整中间胺液冷却器循环水量和液相进料口位置，共 4 个进料口。

4）控制溶剂再生品质，确保溶剂选择性吸收效果。

5）稳定脱硫单元原料气处理负荷，加强与上游装置沟通。

76. 如何处理抽射器故障？

答：1）尾气加氢系统点炉升温过程中，通过抽射器建立开工循环，使低温循环气冷却尾气加氢炉高温燃烧气，保证设备安全，如此时抽射器出现故障，将影响开工循环建立，尾气加氢系统点炉升温不能进行，尾气加氢系统停工。应及时联系修复抽射器，建立开工循环，点炉升温。

2）正常生产中，过程气抽射器将停用，此时故障对装置生产无影响。

3）由于生产异常发生急冷塔轻微堵塔时，尾气净化系统压力将上升，影响装置负荷增大，此时可以通过开启抽射器，降低净化系统压力，如果抽射器故障，则装置负荷难以提高，只能把酸性气往其他装置分流。

77. 如何处理急冷水空冷器故障？

答：一台急冷水空冷器出现故障，若有备用空冷器，及时切换到备用空冷器，不会影响生产，若多台空冷故障，急冷水冷却效果变差，急冷水温度上升，使尾气入吸收塔温度上升，吸收塔吸收效果变差，净化后尾气中 H_2S 含量升高可能造成烟气二氧化硫含量超标。因此发现急冷水空冷器故障，应该及时联系钳工修理。

78. 如何处理 DCS 操作站故障？

答：1）DCS 操作台中的一台发生死机时，应该用另一台操作站操作，同时联系仪表处理死机操作站。

2）四台操作站同时死机，装置随时可能做紧急停工处理，马上联系外操到现场通过观测就地仪表（玻璃板液位计、压力表、温度计、流量计）对装置生产进行监控，如必须调整操作的，若调节阀有副线的用副线调节，如无副线的用上下游阀调节，同时及时联系仪表修复，如装置出现异常情况，按现场或操作室紧急停车按钮，装置做紧急停工处理。

79. 如何处理装置焚烧炉废热锅炉炉管泄漏和爆管？

答：装置焚烧炉废热锅炉炉管发生泄漏和爆管事故，应立即汇报调度和装置相关人员，如果条件允许，装置做紧急停工处理，同时调整好全厂锅炉水、蒸汽平衡。

80. 如何处理 H_2S/SO_2 在线分析仪故障？

答：H_2S/SO_2 在线分析仪投用是否正常，直接影响到克劳斯单元硫黄收率，若在线分析仪发生故障，应立即把反应炉微调空气流量调节器切至"手动"，通过加氢反应器温升、急冷塔出口气氢含量等参数，调整反应炉主空气和微空气流量。也可联系化验增加末级硫冷凝器出口尾气 H_2S 和 SO_2 浓度分析频率，并根据尾气中 H_2S/SO_2 浓度，及时调整反应炉主空气和微空气的流量，一旦 H_2S/SO_2 在线分析仪修复，操作人员应立即投入运行。

81. 如何处理 H_2 在线分析仪故障？

答：H_2 在线分析仪投用是否正常，直接影响斯科特单元的正常运行，若在线分析仪发生故障时，应立即稳定上游单元操作，并利用加氢反应器床层温度、急冷水 pH 值间接指导操作。同时联系化验增加尾气中 H_2 浓度分析频率，并根据尾气中 H_2 浓度，调整还原气流量或斯科特炉燃料气化学计量，一旦 H_2 在线分析仪修复，操作人员应立即投入运行。

82. 如何处理现场仪表故障？

答：1）现场测量仪表发生故障，装置操作人员应立即把调节器切换至"手动"操作，联系仪表工处理。

2）全联锁测量仪表发生故障，装置安全联锁将发生动作，装置紧急停工操作人员迅速汇报调度，并联系仪表班，切除该仪表安全联锁，仪表工检修，装置按照紧急开工步骤开工，待仪表修复后，联锁立即投用。

3）控制阀发生故障，该调节阀有副线的切至副线操作，联系仪表维修，调节阀检修后应立即投。

83. 如何处理氧气分析仪故障？

答： 氧气分析仪出现故障，焚烧炉出口的烟道气 O_2 含量将无法在线测量，可能会因为烟道气中 O_2 含量不足而影响尾气中 H_2S 的焚烧效果，增加排放尾气中 H_2S 的含量，为控制尾气排放合格，应适当提高燃烧空气的流量，保证烟道气中有充足的 O_2，同时应加强前面工段的平稳操作，尽可能保证尾气成分和流量的稳定。

84. 酸性气来量为 $600Nm^3$，硫化氢浓度（V）为 70%，求硫理论产量。

答： 硫化氢量为：$600×70\% = 420 = 420×1000/22.4$（物质的量）

因：1 物质的量的硫化氢含 1 物质的量的硫原子

故：硫理论产量 $= 420×1000/22.4×32$（硫相对分子质量）$g = 600kg$

85. 硫黄装置酸性气进料为 $500Nm^3/h$，H_2S 浓度（V）为 65%，烃为 1%（以丙烯计），测得某班 8h 产硫 3.53t，操作人员配风为 $1100Nm^3/h$，问此时配风是否合适？若尾气中未回收的单质硫及含硫化合物经焚烧炉焚烧后全部转化为二氧化硫，求烟囱二氧化硫排放速率为多少？

答： $F_风 = (1/3×3/2H_2S\%+3n/2\ 烃\%)×100/21×F_酸$

$\qquad = (1/2×65\%+3×3/2×1\%)×100/21×500$

$\qquad = 880.9 < 1100$

所以：配风偏大。

理论产量：$500×65\%/22.4×32 = 464.28kg/h$

实际产量：$3.53×1000/8 = 441.25kg/h$

故：烟囱二氧化硫排放速率为：

（理论产量－实际产量）$×M_{SO_2}$（SO_2 相对分子质量）$/M_S$（S 相对分子质量）

$= (464.28-441.25)×64/32$

$= 23.03×2kg/h$

$= 46.06kg/h$

第五章 酸水汽提单元技术问答

第一节 酸水汽提装置工艺原理

1. 含硫净化装置酸水汽提单元出装置的净化水控制指标有哪些？控制范围是多少？

答：酸水汽提单元出装置的净化水控制指标如下：

pH 值控制在 $6.5 \sim 9$ 之间；$COD_{cr} < 30mg/L$；氨氮 $\leqslant 10mg/L$；硫化物 $\leqslant 0.1mg/L$；铁离子 $\leqslant 1.0mg/L$。

2. 含硫天然气净化装置酸性水的主要来源有哪些？

答：1）含硫天然气净化装置主要处理尾气处理单元急冷塔连续排放的酸性水。

2）脱硫单元胺液再生塔顶回流罐及硫黄回收单元酸性气分液罐间断排放的酸性水。

3. 酸水汽提的工艺原理是什么？

答：在一定的温度下，H_2S 在水中的溶解度随压力的增大而增大，故低压操作对 H_2S 的汽提更为有利。在汽提塔塔底通入 $0.4MPa$ 低压饱和蒸汽对酸性水进行加热、汽提，一方面抑制了 H_2S 的水解，另一方面降低了 H_2S 的溶解度，使液相中游离的硫化氢分子解析出来。

4. 简述酸水汽提单元的工艺技术。

答：本单元采用单塔低压汽提工艺，该工艺具有流程简单，操作简便，投资低，能耗低等优点，酸性气中所含 H_2S 及 CO_2 均返回至尾气处理单元。在酸性水净化效果上，净化水可以达到指标，以保证净化水用于补充循环水。

5. 磁力泵主要有哪几部分组成？

答：1）壳体部分，由泵体、泵盖等组成。

2）转子部分，分为泵轴上安装的转动零件和驱动轴上安装的转动零件。

3）连接部分，由连接架、轴承箱等部分组成起连接支撑作用的静止连接件。

4）传动部分，泵与原动机采用膜片式加长联轴器部件连接。

5）内、外转子，内、外转子配套使用，共同形成磁力泵的磁传动部件。

6）隔离套，是能彻底实现磁力泵完全无泄漏这一优点的唯一零件。

— 146 —

6. 磁力泵的结构特点有哪些？

答：磁力泵分别靠位于隔离套内外的磁转子的磁力作用带动叶轮转动，对输送介质做功，内外磁转子无机械接触，内磁转子、泵轴及叶轮被封闭在隔离套内，没有动密封，输送介质由两个静密封垫片（泵盖与泵体之间、泵盖与隔离套之间）和一个密封隔离套与外界隔绝。

而一般离心泵靠联轴器通过泵轴将原动机动力传给叶轮，从而带动叶轮做功，而泵轴与泵体之间通过轴封来阻止介质泄漏。

7. 磁力泵运转过程中，隔离套上的涡电流是如何产生的？

答：磁力泵运转过程中，由于内外磁转子的运动，隔离套处于一个正弦交变的磁场中，在垂直与磁力线方向感应产生涡电流。

8. 酸水缓冲罐压力的双分程控制如何实现的？

答：酸水缓冲罐顶压力采用双分程切换控制回路，酸水缓冲罐顶压力调节器的输出同时控制 2 个不同的调节阀，即低压氮气补压控制阀和酸水缓冲罐泄压放空阀。

正常控制在 0.4MPa，当低于 0.4MPa 时，低压氮气补压阀打开，罐内压力越低于设定压力，阀门开度越大，只要罐压力低于设定压力，酸水缓冲罐泄压放空阀始终处于关闭状态。

当事故状态或紧急情况下（压力超高），由酸水缓冲罐泄压放空阀控制废气进燃烧炉，而压力分程控制器 A 自动关闭，压力超过设定压力越大，酸水缓冲罐泄压放空阀开度越大。

9. 酸水汽提单元开车的主要步骤是什么？

答：DCS 仪表联校及联锁系统测试→装置全面检查→公用工程介质引入→管线冲洗吹扫→管线设备气密试压→系统水联运→系统氮气置换→进除盐水进行内循环→引低压蒸汽进行热循环→急冷水引入酸水缓冲罐→进入汽提塔→净化水外输→调整操作。

第二节　酸水汽提装置常见问题及处理措施

1. 酸水缓冲罐液位异常升高的原因及处理方法？

答：原因：

1）酸水缓冲罐液位调节阀故障。

2）尾气处理单元急冷水量突然增加，导致的酸水汽提单元进料量增加。

3）酸水缓冲罐压力不足。

4）酸水缓冲罐液位计故障。

处理方法：

1）酸水缓冲罐液位调节阀改手动，将其切换至副线运行，联系仪表处理。

2）检查急冷水系统，核实急冷塔液位调节阀是否故障或现场开大了急冷塔凝结水量或除盐水量。

3）检查缓冲罐压控阀是否故障，通过压控阀副线控制好压力；若是由低压氮气总管压力低所致，则联系调度协调氮气供给。

4）联系仪表处理液位计。

2. 酸水缓冲罐液位异常降低的原因及处理方法？

答：原因：

1）酸水缓冲罐液位调节阀故障。

2）尾气处理单元急冷水量突然减少，导致的酸水汽提单元进料量减少。

3）酸水缓冲罐压力升高。

4）酸水缓冲罐液位计故障。

处理方法：

1）酸水缓冲罐液位调节阀改手动，将其切换至副线运行，联系仪表处理。

2）检查急冷塔液位调节阀是否故障，检查急冷水泵出口压力是否偏低。

3）检查缓冲罐压控阀是否故障，通过压控阀副线控制好压力。

4）联系仪表处理液位计。

3. 酸水汽提塔塔底液位异常升高的原因及其处理方法？

答：原因：

1）净化水泵故障。

2）汽提塔液位控制阀故障。

3）液位计故障。

4）进料量突然增大。

处理方法：

1）及时切换至备用泵，清洗过滤器或维修。

2）将液位控制阀改手动，切至副线运行，联系仪表处理。

3）联系仪表处理故障液位计。

4）联系上游，稳定酸水汽提单元进料操作。

4. 酸水汽提塔塔底液位异常降低的原因及其处理方法？

答：原因：

1）汽提塔液位控制阀故障。

2）液位计故障。

3）进料量突然降低。

处理方法：

1）将液位控制阀改手动，切至副线运行，联系仪表处理。

2）联系仪表处理。

3）检查上游，稳定上游操作。

5. 酸水缓冲罐液位异常偏高的原因及其处理方法?

答：原因：

1）酸水缓冲罐液位控制阀故障。

2）酸水缓冲罐压力过低。

3）液位计故障。

处理方法：

1）将酸水缓冲罐液位控制阀改手动，切至副线运行，联系仪表处理。

2）打开酸水缓冲罐低压氮气补压阀，提高酸水缓冲罐压力，现场检查酸水缓冲罐压力放空阀，保证其处于关闭状态。

3）联系仪表处理酸水缓冲罐液位计故障问题。

6. 酸水汽提单元危害因素较大的设备及场所有哪些?

答：酸水汽提单元危害因素较大的设备及场所有：

1）汽提塔：危害因素是 H_2S 气体泄漏时易燃易爆、人员中毒。

2）酸水缓冲罐、酸水回收水罐：危害因素是 H_2S 气体、油气泄漏时易燃易爆、人员中毒。

3）重沸器：危害因素是 H_2S 气体泄漏时易燃易爆、人员中毒。

7. 酸水汽提单元晃电的现象及其处理步骤?

答：事故现象：

1）汽提塔塔底液位不断上涨。

2）照明灯灭后复明。

3）净化水泵停运。

事故处理：

1）确认汽提塔出料是否正常，系统各部温度、压力是否正常。如出现异常则联系外操到现场检查确认。

2）确认净化水泵是否运转正常。如净化水泵停运，立即启动备用泵。

8. 酸水汽提单元停电的现象及其处理步骤?

答：事故现象：

1）各种控制仪表报警，DCS 上部分流量表回零。

2）净化水泵停运。

3）装置内所有照明熄灭。

4）装置噪音明显减小。

事故处理：

1）迅速关闭净化水泵出口阀，按停泵按钮。

2）关塔底蒸汽，关闭酸性气及净化水排出阀。

3）尽量维持各容器的液位、温度、压力。

4）注意观察酸水缓冲罐液位，不要冒罐。

5）长时间停电，停入塔蒸汽，停进料，关闭塔顶及塔底部排出流程，停各机泵，装置停工。

9. 简述酸水汽提单元停低压蒸汽现象及其处理步骤。

答：事故现象：

1）酸水汽提塔塔底蒸汽流量下降。

2）酸水汽提塔塔底温度下降。

事故处理：

1）根据实际情况降低处理量，尽可能地保持系统的温度、液位和压力，维持物料循环。

2）若短时间停低压蒸汽，降低酸性水入塔流量。

3）若长时间停低压蒸汽，关闭入酸水汽提塔蒸汽控制阀，停进料，关闭塔顶及塔底部排出流程，停各机泵，装置停工。

10. 简述酸水汽提单元停仪表风现象及其处理步骤。

答：事故现象：

1）DCS 多点报警；控制阀失去控制，现场的开度和计算机的指示不一致。

2）仪表风压力指示逐渐减小，直至为零。

事故处理：

3）立即联系调度尽快恢复供风。

4）迅速关闭净化水泵出口阀，按停泵按钮。

5）关塔底蒸汽，关闭酸性气及净化水排出阀。

6）尽量维持各容器的液位、温度、压力，调节阀自动控制无法满足要求时，可将控制阀改为手动，或联系外操改旁路操作。

7）注意控制酸水缓冲罐液位，不要冒罐。

11. 简述酸水汽提单元 DCS 系统死机现象及其处理步骤。

答：事故现象：全部 DCS 操作显示失灵、黑屏。

事故处理：

1）通知调度联系维修 DCS 系统。

2）迅速关闭塔底重沸器蒸汽手阀。

3）迅速关闭塔顶酸性气及塔底净化水排出手阀。

4）关闭汽提塔进料手阀，停止向塔内进料。

5）停净化水外送泵关闭出口阀。

6）注意控制酸水缓冲罐液位，不要冒罐。

12. 涡电流对磁力泵有什么危害？

答：由于磁力泵运行过程中隔离套产生涡电流，根据焦耳–楞次定律可知，此涡电流将产生热量，称为涡流发热，一方面，将会造成部分功率损耗，另一方面如果没有足够的冷却液带走这部分热量，隔离套与磁转子间温度超过永磁体的工作温度时，将使磁转子逐步失去磁性，造成磁传动器失效。

13. 抽空对磁力泵有什么危害？

答：磁力泵前后两对滑动轴承在运转过程中将产生热量，而涡流的存在使得隔离套与内磁转子间的环隙区域也存在高热量。因此在磁力泵运转过程中，必须引少量介质将这两部分热量带走，并对滑动轴承起润滑作用，当泵抽空时，介质流量过小，起不到冷却、润滑作用，使温度急剧升高，易造成磁传动器退磁、轴承卡死、炸裂发生，严重是会引起设备事故。

第六章 胺液净化及罐区单元技术问答

第一节 胺液净化装置工艺原理

1. 胺液净化装置包括哪几个单元?

答: 胺液净化装置包括过滤单元、除氯单元、除阳单元、除盐单元以及配套树脂再生系统和废水暂存系统。

2. 胺液净化过滤单元有什么作用?

答: 胺液过滤单元采用玻璃纤维的深层过滤技术,用来去除胺液中的悬浮固体,并使过滤精度达到亚微米级,实现胺液物理净化除杂效果。介质吸附悬浮物的能力可相当同体积过滤器的 19 倍。

3. 胺液净化除盐单元有什么作用?

答: 胺液脱硫循环过程中,降解产生热稳定性盐,利用离子交换树脂,将与热稳定性盐结合的束缚胺转化为可用胺液。

4. 胺液净化过滤单元的技术特点是什么?

答: 1)采用特殊玻璃纤维的深层过滤技术,不仅有利于保持胺液的纯净,而且也有利于保护胺液净化工艺所使用的除盐树脂,延长其使用寿命。

2)过滤精度达到亚微米级。

3)过滤罐采用两用一备设计,保证装置连续运行。

4)采用 PLC 控制系统,过滤罐自动运行、自动冲洗和返洗。

5. 胺液净化除盐单元的技术特点是什么?

答: 1)除盐罐采用一用一备设计,保证装置连续运行。

2)除盐树脂采用专利阴离子交换树脂,除去热稳定性盐及酸气。

3)树脂采用稀碱液再生,循环使用。

4)采用 PLC 控制系统,过滤罐自动运行、自动冲洗和返洗。

6. 除阳罐离子交换树脂的交换原理是什么?

答: 除阳罐其离子交换原理是:阳离子树脂在溶液中离解出 H^+ 而呈酸性,树脂离解后余下的负电基团与溶液中的其他阳离子吸附结合，从而产生阳离子交换作用。

7. 除氯罐离子交换树脂的交换原理是什么？

答：阴离子树脂在溶液中离解出 OH^- 而呈碱性，树脂离解后余下的正电基团与溶液中的其他阴离子吸附结合，从而产生阴离子交换作用。

8. 胺液净化装置的净化过程是什么？

答：来自脱硫单元过滤后的贫胺液正向进入脱除悬浮物罐去除贫胺液中的悬浮物，然后进入除氯、除阳离子单元，脱出胺液中氯离子、阳离子，再进入除盐单元去除热稳定盐和降解物。最后经树脂捕捉器去除携带的树脂，经贫液泵送回系统。

9. 胺液净化装置系统的控制方式是什么？

答：采用 PLC 控制，允许控制人员自行停、开。系统中所有设备包括水泵、各种控制阀、脱除悬浮物装置、离子交换装置的运行以及再生均为程序控制，自动运行。与胺液接触的阀门全部采用无泄漏的气动球阀。

10. 如何确定胺液过滤罐需要清洗？

答：主要根据过滤罐进出口压差（压差大于 0.15MPa），确定过滤罐是否需要清洗。如果胺液中杂质少，过滤器压差长时间小于 0.15MPa，也可根据累计过滤量临时设定清洗周期。

11. 如何确定除盐罐需要清洗？

答：在胺液净化装置除盐系统运行过程中，持续监测并记录除盐罐压差及流量，当除盐罐入口压力与出口压力之差大于 0.3MPa，或胺液进料累计流量达到 $140m^3$，除盐单元运行除盐罐将进入再生程序，备用除盐罐投用。

12. 胺液净化单元安全环保管理规定及要求是什么？

答：1）严禁胺液、酸、碱、树脂再生废水就地排放。

2）严禁将不合格雨水排至雨水监控池。

3）严禁随意丢弃废旧树脂、过滤棉、保温棉等固体废物。

4）严禁在装置内吸烟及携带火种和易燃、易爆、有毒、易腐蚀物品入装置。

5）严禁未按规定办理用火手续就在装置内进行用火作业。

6）严禁穿易产生静电的服装进入油气区工作。

7）严禁穿带钉的鞋进入装置。

8）严禁用易挥发溶剂擦洗设备、衣物、工具及地面等。

9）严禁未经批准的各种机动车辆进入生产装置、罐区及易燃易爆区。

10）严禁就地排放易燃、易爆物料及化学危险品。

11）严禁在油气区内用黑色金属或易产生火花的工具敲打、撞击设备和管线。

12）严禁堵塞消防通道、随意挪用消防器材或损坏消防设施。

13）严禁损坏、乱动装置内的生产设施、安全设施。

13. 胺液净化单元安全用火管理的要求是什么？

答：1）作业区内，凡生产建设等工作需要使用明火（包括电焊、火焊、喷灯、各种炉灶等），或生产装置和罐区使用临时电源，或机动车辆进入生产装置和罐区，均须采取必要的防火措施，办理用火申请手续，并经有关部门批准。严禁随意用火。

2）用火应严格执行用火制度，做到"三不用火"，即没有经批准的火票不用火，用火安全措施不落实不用火，用火监护人不在场不用火。

3）看火人应选派责任心强、熟悉生产流程和现场情况的人员担任。看火人必须时刻掌握用火现场及周围情况，检查防火措施。如发现异常情况，要及时采取措施或停止用火。必要时，看火人有权要求停止用火。

4）必须按指定的时间、地点、部位用火。

5）用火必须有妥善可靠的防火安全措施。

6）正常动火时，塔类、油罐总蒸洗时间不得少于48h。此外，还必须安排充足时间用水冲洗。蒸塔、冲洗可交叉进行，确保吹扫干净。

7）容器类用蒸汽吹扫24h，并用水冲洗干净。

8）热交换设备及炉管用蒸汽吹扫时间不得少于12h。

9）电焊机电源应接于指定地点开关上，电源线、把线、地线均应绝缘良好。地线必须固定于用火烧焊部位，电源线禁止从下水井口上方跨过。乙炔气瓶与氧气瓶之间距离不得小于5m，乙炔气瓶、氧气瓶距动火点不得小于10m。氧气瓶应防止曝晒，瓶嘴严禁沾油污，乙炔胶管严禁用氧气吹扫。

10）应清除用火现场周围易燃物。附近的下水井、地沟、电缆沟等清除易燃物后要可靠封闭，并用蒸汽掩护，并备有消防器材（如蒸汽胶管、灭火器等）。

11）高空用火，要用石棉布等挡好火星，防止向外飞溅。遇有5级以上大风，必须停止用火。

12）高温、带压、可燃及有毒介质的容器、设备、管线一般不允许动火，但生产上确实必须用火时，在采取必要可靠的安全技术措施后，可作为特殊用火处理。

13）用火过程中，遇有跑油、窜油和可燃气体泄漏等威胁用火安全的情况时，应立即停止用火。

14）每次动火之前，应认真检查，注意周围条件是否有变化。下班时不得留有余火，电源开关应拉断。气焊作业完毕，必须将焊枪拿出设备、容器。

15）禁止向地面、地沟、下水道和空气中排放油品、燃料气、液态烃、酸性污水等可燃物。

16）临时照明灯电压不得超过36V，行灯必须有防护罩，电线绝缘良好。在特别潮湿的场所或金属容器内行灯电压不得超过12V。装置内一切电气作业由电工负责。严禁湿手操作电器开关。

14. 简述除氯单元再生及置换步骤。

答： 系统打开除盐水罐出口阀、除氯罐水线入口阀、除氯罐水线出口阀、碱液泵至除氯罐阀门，启动除盐水泵，碱液计量泵，除盐水和30%碱液通过混合器稀释为3%~4%的碱液用于树脂再生，通过碱液泵出口流量计累计连续进碱液到设定值后，进碱再生步骤结束，系统关闭碱液计量泵。

15. 除氯罐反冲洗过程是什么？

答： 当反冲洗累积量达到设定值且反洗出口电导率小于800μs/cm，反冲洗步骤结束，开始正洗程序，如果此时反洗出口电导率大于800μs/cm，则继续保持反冲洗至电导率小于800μs/cm后再结束反冲洗步骤。

16. 简述除阳单元再生及置换步骤。

答： 系统打开除盐水罐出口阀、除阳罐水线入口阀、除阳罐水线出口阀、碱液泵至除阳罐阀门，启动除盐水泵，酸计量泵出口阀，除盐水和30%酸通过混合器稀释为3%~4%的酸液用于树脂再生，通过酸计量泵流量计累计连续进除盐水到设定值后，进酸再生步骤结束，系统关闭酸液计量泵出口阀。

17. 简述除氯罐的反冲洗过程。

答： 当反冲洗累积量达到设定值且反洗出口电导率小于800μs/cm，反冲洗步骤结束，开始正洗程序，如果此时反洗出口电导率大于800μs/cm，则继续保持反冲洗至电导率小于800μs/cm后再结束反冲洗步骤。

18. 简述除阳罐的正洗过程。

答： 系统打开控制阀循环水箱出口阀、除氯罐水线进出口阀、循环水箱入口阀，启动循环液泵，开始对树脂进行正洗，以使循环水箱内带胺的循环水进入除氯罐内，减少胺液损耗，通过循环水泵出口流量计累计连续进水设定值后，正洗程序结束。

19. 简述除氯罐的正洗过程。

答： 系统打开控制阀循环水箱出口阀、除阳罐水线入口阀、除阳罐水线出口阀、循环水箱入口阀，启动循环液泵，开始对树脂进行正洗，以使循环水箱内带胺的循环水进入除阳罐内，减少胺液损耗，通过循环水泵出口流量计累计连续进水设定值后，正洗程序结束。

20. 什么叫单周期处理量？

答： 单周期处理量是指在一个除盐周期内，树脂除盐能力达到饱和之前所能处理的胺液的量。净化不同热稳定盐浓度的胺液，树脂的单周期处理量也不尽相同。单周期处理量过低时，就表明树脂即将失效，需进行更换。

21. 什么叫除盐效果?

答:除盐效果是指在树脂处理能力未达到饱和之前,除盐系统出口处胺液中热稳定盐残留是否达到指标要求。在入口处胺液中热稳定盐含量不是很高时,出口胺液中热稳定盐含量一般应小于 0.5%。除盐效果变差一般会伴随有单周期处理量低的现象出现,此时树脂即将失效,需进行更换。

22. 酸水汽提装置安全环保规定及要求是什么?

答:1)严禁在装置内吸烟及携带火种和易燃、易爆、有毒、易腐蚀物品入装置。
2)严禁未按规定办理用火手续就在装置内进行用火作业。
3)严禁穿易产生静电的服装进入油气区工作。
4)严禁穿带钉的鞋进入装置。
5)严禁用易挥发溶剂擦洗设备、衣物、工具及地面等。
6)严禁未经批准的各种机动车辆进入生产装置、罐区及易燃易爆区。
7)严禁就地排放易燃、易爆物料及化学危险品。
8)严禁在油气区内用黑色金属或易产生火花的工具敲打、撞击设备和管线。
9)严禁堵塞消防通道、随意挪用消防器材或损坏消防设施。
10)严禁损坏、乱动装置内的生产设施、安全设施。

23. 酸水汽提装置开停工的安全环保操作要求是什么?

答:1)开停工前制定详细的开停工方案,明确环保措施,细化、落实污水排放去向、吹扫流程、恶臭气体去向及相应的环保对策措施。环保装置的开停工应纳入生产装置整体开停工方案和整体部署。
2)严格执行开停工方案,避免发生异常超标、火炬放空等影响环境行为。
3)加强机泵、阀门、管线等巡检,发现泄漏及时处理。
4)污水按照"清污分流,污污分治"原则排放,对含氨、含硫污水及相应的冲洗水全部引入污水处理场储存、处置。

24. 胺液净化装置岗位工作内容是什么?

答:1)本单元主要任务是将脱硫单元再生后的贫胺液净化,去除其中的固体悬浮物、热稳定盐和胺降解产物。
2)严格执行工艺卡片规定的工艺参数,保证各点参数在规定指示范围内。
3)检查胺回收箱、循环液箱、除盐水箱、新鲜碱罐、脱除悬浮物罐、脱除热稳盐罐、稀碱液箱、管线、阀门、法兰、仪表、接头等有无泄漏。
4)检查胺回收泵、循环液泵、稀碱液泵、贫胺泵、气动隔膜卸碱泵等动设备运行是否正常,按期切换动设备,保证各动设备的运行正常,保证备用动设备处于待运状态。
5)注意检查各点液位、温度、压力、流量,与中控室一一核对。
6)每小时巡检一次本岗点各设备及操作参数,及时处理设备故障及事故隐患。
7)密切保持与中控室的联系,确保安全、平稳生产。

8）加强设备的管理、维护和保养，保持装置的场地卫生。

9）及时向有关管理人员汇报工作中出现的问题。

25. 过滤系统排胺正洗过程步骤有哪些？

答：1）打开胺回收罐入口阀、固体悬浮物过滤罐进水阀、循环水箱出口阀，启动循环水变频泵，然后缓慢调节变频流量，通过流量计将进水速率控制在 $40m^3/h$，将过滤罐内的胺液压入胺回收箱内。

2）通过循环水流量计计量循环水累计连续进水量达到 3.0 m^3 后，开启控制阀循环水箱入口阀，关闭控制阀胺回收箱入口阀，继续循环冲洗 6 m^3，然后将循环水排入循环水箱。

注意：当停止固体悬浮物过滤罐单元的排胺正洗程序后，开始固体悬浮物过滤罐单元的反冲洗程序前，系统自动关闭控制阀循环水箱入口阀、固体悬浮物过滤罐水路入口阀、循环水箱出口阀，开始固体悬浮物过滤罐反冲洗程序。

26. 过滤系统反冲洗过程步骤有哪些？

答：1）打开废液去碱渣阀门、除盐水与循环水供给阀，缓慢调节循环水变频泵，通过循环水流量计计量保证循环水进水速率控制在 $50m^3/h$，对过滤罐进行反冲洗，通过循环水流量计计量累计连续进水达到 $20m^3$ 后，反冲洗程序结束。

2）关闭控制阀循环水变频泵、通过除盐水罐出口阀、除盐水与循环水供给阀、过滤罐水线进出口、废液去碱渣阀门将废液排至胺液净化氧化反应单元，过滤罐清洗结束备用（两用一备）。

27. 除盐罐排胺正洗过程步骤有哪些？

答：1）打开控制阀胺回收箱入口阀、除盐罐水线入口阀、除盐水线出口阀、循环水箱出口阀，启动循环水泵，缓慢调节流量，控制进水速率为 $50m^3/h$，将除盐罐内的胺液压入胺回收箱。

2）当除盐罐累计连续进水 15 m^3 后，开启循环水箱入口阀，关闭胺回收箱入口阀，继续循环冲洗 20 m^3，将循环水排入循环水箱。

3）排胺正洗完成后，系统开始除盐罐再生反冲洗程序。

4）当停止除盐单元的排胺正洗程序后，开始除盐单元的反冲洗程序前，关闭循环水泵，关闭控制阀循环水箱入口阀、循环水线出口阀，开始除盐再生程序。

28. 除盐罐再生过程步骤有哪些？

答：1）用3%稀碱液和30%新鲜碱液混合成浓度为3%碱液用于树脂再生。打开去胺液净化氧化反应单元出口阀，启动稀碱液变频泵，控制稀碱液流量计流速为 $20m^3/h$，启动碱液隔膜泵，控制碱液流量计流速 $2m^3/h$，将30%碱液稀释为3%用于树脂再生。

2）通过稀碱液罐入口流量计累计连续进稀碱液 15 m^3 后，进碱再生步骤结束，系统关闭碱液隔膜泵，进入置换反冲洗步骤。

29. 除盐罐置换过程步骤有哪些？

答：维持稀碱液泵频率，保持稀碱液泵出口流量计流速为 $21m^3/h$，继续对树脂进行置换冲洗，当稀碱液泵出口流量计累计置换 12m³ 稀碱液后，置换步骤结束，闭碱液泵，关闭至胺液净化氧化反应单元阀门，进入清洗步骤。

30. 除盐罐清洗过程步骤有哪些？

答： 打开循环水线出口阀、除盐水罐出口阀，启动循环水变频泵，控制循环水泵出口流量计流速为 50m³/h，当循环水泵出口流量计累计反冲洗 30m³，并且此时除盐罐电导率小于 5000μs/cm，置换反冲洗步骤结束。如果此时除盐罐电导率大于 5000μs/cm，则继续保持置换反冲洗至电导率小于 5000μs/cm 后再结束置换反冲洗步骤，清洗过程若循环水箱液位计 LT00401≥6200mm，则打开至胺液净化氧化反应单元阀门。

第二节　胺液净化装置常见问题及处理措施

1. 碱液泵流量低的原因是什么？

答： 1)检查碱液罐出口阀是否打开，碱液泵的进出口是否打开。
2)检查是否有结晶，检查管线是否有堵塞的现象。
3)检查碱液泵是否异常。
4)检查气动隔膜泵的风源是否正常。

2. 仪表风出现故障时应如何操作？

答： 仪表风故障造成所有的气动阀、调节阀不能动作，系统报警停车。当故障恢复后，可以通过点击操作界面的"故障复位"，再点击"系统启动"按钮，系统则从停车时状态继续运行；如果系统停车时间较长，超过两天，故障恢复后首先需要对 SSX 单元进行手动反洗操作，对 HSSX 单元进行再生后反洗操作，然后按正常开车启动程序启动装置运行。

3. 胺液净化装置的事故报告与处理方式是什么？

答： 1)发生事故后，事故当事人或发现人应立即采取果断有效的措施，并立即向值班工程师和值班领导汇报，各车间(站)立即(不得超过 15min)电话上报 HSE 办公室。
2) 事故发生后，厂立即启动相应级别的应急预案，采取有效措施抢救，防止事故扩大，努力减少人员伤亡和财产损失。厂主要负责人出差在外的，立即返回。
3) 在事故应急救援过程中，妥善保护事故现场及相关证据。任何单位和个人不得故意破坏事故现场、毁灭相关证据。因抢救人员、防止事故扩大以及疏散交通等原因，需要移动事故现场物件时，作出标志，妥善保存现场重要痕迹、物证。
4) 事故调查处理一定要坚持"四不放过"的原则，即：事故原因未清不放过、责任人员未处理不放过、整改措施未落实不放过、有关人员未受到教育不放过。

4. 过滤罐与除盐罐的过滤终点和交换终点的判断是什么？

答： 1)过滤丝过滤终点的判断。

过滤丝过滤胺液一段时间后，截留的悬浮固体较多时会出现过滤压差升高的情况，随着过滤压差的升高，过滤速率会下降，此时需对过滤丝进行再生反冲洗，以恢复过滤丝的性能。过滤终点判断通过两个条件：该罐的压差达到设定值。

由于各个罐内的过滤丝缠绕的松紧程度不可能完全一致，因此装置开车阶段需记录各个罐进胺速率与过滤压差的对应值，做一组简单的对应曲线，为以后设置各个罐的流量设定值提供依据。

2）除盐交换终点的判断。

当除盐罐入口压力表检测压力与除盐罐出口压力表检测压力之差大于 0.3MPa，或除盐罐入口流量计累计流量达 140m³时，需对树脂进行再生，使其恢复除盐交换能力。

5. 如何做好湿式氧化处理单元的控制？

答： 1）湿式氧化处理单元主要控制好湿式氧化反应器的反应温度和洗涤塔的尾气指标。湿式氧化反应器的反应温度由流量调节阀控制进反应器下部的蒸汽量，从而控制反应器内温度达到 190℃，同时由压力调节阀控制进湿式氧化反应器内筒下部的空气量，压力调节阀控制在好湿式氧化反应器的压力在 3.0MPa。

2）洗涤塔塔底出口换热器将废碱液冷却到 40℃，一部分经洗涤塔塔底出口流量计和洗涤塔塔底出口流量调节阀返回到洗涤塔的第三层塔盘，另一部分废碱液经液位调节阀排至脱臭罐。尾气从塔顶排出，经洗涤塔塔顶压力调节阀排空或排入恶臭处理装置高空排放筒。

3）在开工阶段或废碱液的总盐浓度过高时，从废碱液进料泵入口引入部分新鲜水。以防止氧化过程中盐从液相析出，堵塞设备。

4）如果原料废碱液中碱度(低于 0.5%)偏低，需补充一定量的新鲜碱液，以保证原料中碱度(以 NaOH 计)高于 0.5%，新鲜碱液自新鲜碱液罐通过新鲜碱液泵加压后从废碱液进料泵入口管线引入。

6. 胺液净化装置开工前的准备工作有哪些？

答： 1）组织装置开工全面检查。

2）确认电正确引入胺净化装置。

3）确认胺液接口与胺液净化装置贫胺储罐正确连接。

4）确认除盐水与胺液净化装置正确连接。

5）打开仪表风阀，将仪表风引入装置。

6）确认碱液罐液位正常。

7）确认循环水箱内液位正常。

8）确认各阀门开关正常。

9）确认废碱液、废水排放接口正确连接。

10）确认碱计量泵处于良好备用状态。

11）确认贫胺泵处于良好备用状态。

12）确认循环水泵处于良好备用状态。

13）确认控制软件运行正常。

7. 碱渣处理单元如何气密?

答：用空气对系统进行升压试密，空气由空气压缩机提供，湿式氧化反应器高压段气密至 3.5MPa，洗涤塔和中和单元低压段气密至 0.5MPa。

湿式氧化反应器高压段气密试验：

1）组织人员检查高压段流程。

2）关闭反应器进料泵出口阀。

3）关闭反应器顶及底部放空阀。

4）关闭反应器压控阀组所有阀门，调节阀后和调节阀跨线后加盲板。

5）启动空气压缩机给反应器供风。

6）充压至系统 3.5MPa。

7）查找漏点，发现后及时联系处理。

8）气密试验完成后停空气压缩机，拆除反应器压控阀后和调节阀跨线后盲板，用反应器内的存风给低压段试密。

洗涤塔和中和单元低压段试密：

1）组织人员检查低压段流程。

2）关闭洗涤塔顶及底部放空阀。关闭洗涤塔去碱液回收罐阀门。关闭新鲜水喷淋进洗涤塔阀门。

3）关闭洗涤塔去阀门、关闭洗涤塔去阀门、关闭出口阀门。

4）缓慢开反应器压控阀，将低压段升到规定压力。

5）查找漏点，发现后及时联系处理。

6）气密试验完成后，开启系统内各低点进行排放，关闭各低点放空。

8. 简述胺液净化系统开停工的注意事项。

答：1）做好开停工前装置准备工作。

2）开停工过程中统一指挥，各岗位操作人员必须服从分配，听从指挥。

3）严格遵守开停工方案和操作规程，严禁违章作业。

4）开停工中加强与调度及上下游装置之间的联系，做好配合协调工作，并做好开停工详细记录。

9. 简述胺液净化系统短时间停电处理事故过程。

答：1）巡检人员在冬季要加强巡检意识，发现异常及时上报主管人员。

2）巡检人员要观察装置内液体的情况，可以通过便携式手持温度计，或者通过各个采样口和排污口来观察，发现异常及时上报。

3）等来电后，迅速启用电伴热。

4）其他情况可以跟厂家技术人员及时联系。

10. 简述处理胺液净化系统长时间停电事故过程。

答：1）巡检人员在冬季要加强巡检意识，发现异常及时上报主管人员。

2）巡检人员要观察装置内液体的情况，可以通过便携式手持温度计，或者通过各个采样口和排污口来观察，发现异常及时上报。

3）发生超过 6h 仍未来电的情况时，要迅速与主管人员联系，启动相应的防冻凝预案；

4）在装置主体设备下面（各个罐和水箱）有一个低点排放口，可以通过排放口将装置内的液体排放至相应的位置，尽量全部排空；通过各个罐的顶部排空阀通入压缩空气，将罐内的液体排空；手动开关各手动阀门一次，将阀芯内液体排出；打开管道泵的排液阀，将泵体内液体排出；将各气动球阀中部阀芯的螺栓松开，排出阀芯的液体；打开电磁阀阀盖，将阀内液体吸出。

5）来电后，迅速启用电伴热，然后再按相应的步骤将各个设备恢复；排空管道泵内空气；重新排空装置内的气体。

6）其他情况可以跟厂家技术人员及时联系。

11. 简述胺液净化系统停仪表风的处理方式。

答：仪表风故障造成所有的气动阀、调节阀不能动作，系统报警停车。当故障恢复后，可以通过点击操作界面的"故障复位"，再点击"系统启动"按钮，系统则从停车时状态继续运行；如果系统停车时间较长，超过两天，故障恢复后首先需要对 SSX 单元进行手动反洗操作，对除盐单元进行再生后反洗操作，然后按正常开车启动程序启动装置运行。

12. 简述除盐水罐液位计的处理方式。

答：因液位计联锁问题导致除盐水罐液位出现故障，可以用以下方式进行解决：

1）联系维保人员对液位计进行校验，并重新启机。

2）若液位计里的浮桶卡，导致液位过高，可以轻微敲击液位计并重新启机。

3）更换液位计。

13. 简述碱液泵流量低的处理方式。

答：1）检查碱液罐出口阀是否打开，碱液泵的进出口是否打开。

2）检查是否有结晶，检查管线是否有堵塞的现象。

3）检查碱液泵是否异常。

4）检查气动隔膜泵的风源是否正常。

14. 简述废碱液泄漏事故的处理方式。

答：1）立即通知调度和值班领导，做好抢险准备。

2）戴好空气呼吸器，携带便携式硫化氢报警仪，对讲机等必备用品。进入现场迅速找出废碱液泄漏点（进入现场紧急处理人员两人以上）。

3）根据废碱液泄漏点和泄漏量的实际情况，再决定是否停工处理。

4）出现轻度废碱液泄漏应局部处理，废碱液处理装置降负荷处理，适当降低循环量，控制好系统各点工艺参数。

5）若装置废碱液泄漏严重，废碱液处理装置切断进出料，停系统循环。

15. 如何判断树脂是否有中毒迹象？

答：胺液中铁离子及其氧化物含量过高时会使树脂失去活性，而且用碱液无法再生，称之为树脂中毒。胺液中其他微粒吸附在树脂上也会堵塞树脂上的微孔使树脂失去活性，而且也很难再生出来。一般当树脂颜色变黑是就可以基本判断树脂有中毒迹象。

16. MDEA 脱碳溶液腐蚀的原因是什么

答：1）$R_2NH–H_2S–CO_2–H_2O$ 腐蚀：腐蚀主要是由 CO_2 引起的，游离的或化合的 CO_2 均能引起腐蚀，严重的腐蚀发生于有水的高温段部位（90℃以上），如再生塔及其进料管线、塔底再沸器及其进出管线。另外胺液中的污染物对钢材与 CO_2 的反应起着显著的促进作用，如耐热胺盐、氧、固体物等。

2）应力腐蚀开裂：影响胺应力腐蚀开裂的因素主要有胺的种类、胺溶液的成分、金属温度、拉伸应力水平。胺应力腐蚀一般发生低浓度的酸性气体的贫胺溶液中，新鲜胺液不出现胺应力腐蚀。胺应力腐蚀开裂不大可能出现在含有高浓度酸性气体的富胺溶液中，在富胺溶液中，其他的应力腐蚀开裂更为常见，如 SSC、HIC/SOHIC。

3）酸盐腐蚀开裂：主要是指金属在含中高浓度碳酸盐的碱性酸水环境下，在拉伸应力和腐蚀共同作用下导致的开裂。影响因素主要有 pH 值、碳酸盐浓度和拉伸应力水平。

17. MDEA 溶剂发泡的原因是什么？

答：原料天然气中夹带的固体颗粒及腐蚀产物带入系统，MDEA 系统腐蚀产物增多，机泵的润滑油及 C_4 以上的烃类进入系统会明显降低溶液的表面张力而引起发泡；MDEA 与系统中的氧或酸性杂质如甲醇等反应生成很难再生的热稳定盐，液位及流量波动过大，造成气液接触速度过快，胺液搅动过度剧烈，引起溶液发泡。

18. 简述 MDEA 溶剂发泡的处理方式。

答：在操作过程中胺液会发泡，为了减轻发泡现象，可采取以下措施：
1）增设原料过滤器，以免原料中的杂质引起发泡。
2）控制贫液入塔的温度及胺液入塔温度，加强闪蒸效果，以防止重质烃的冷凝。
3）加强溶液的过滤，采用活性炭过滤可脱除一些发泡剂，如冷凝的烃、胺降解的产物以及有机酸。除活性炭过滤器前设置机械过滤器以脱除胺系统中较大尺寸（约 $10\mu m$）的机械杂质外，在活性炭过滤器后也需设置机械过滤器，以脱除微小的（约 $5\mu m$）碳粒。
4）保持装置平稳运行，避免工艺参数急剧变化。
5）有较完善的过滤设施，也不可能完全控制发泡，可设置能注入阻泡剂的系统，作为抑制发泡的方式。

19. MDEA 溶剂配制前要具备的条件和准备工作是什么？

答：1）氮气置换合格，各低点排放处氧含量不大于 1%。溶剂储罐清洗干净。MDEA 溶剂如期送到现场，配制溶剂前要准备好劳防用品。

2）开加胺液入口阀，利用卸桶泵将桶装 MDEA 从桶内抽入胺储罐中。

3）开除盐水入胺储罐阀，胺储罐加 450t 除盐水。

4）导通溶剂循环流程，启动溶剂循环泵进行回流操作，建立胺液循环。

5）胺储罐继续用溶液循环泵循环 24h 后停泵，联系化验室分析罐内溶剂 MDEA 的浓度为 50%（wt）左右，即具备向系统供胺液条件；否则继续重复操作 8h 再联系化验室分析。

6）对溶剂储罐进行氮气保护，压力控制在微正压，要投用安全水封罐。

20. 实际生产中为什么要严格控制 MDEA 溶剂的浓度？

答：生产中溶剂的浓度一般控制在 47%～53% 之间比较合适，脱硫效果佳，产品质量合格高。MDEA 的浓度越高，溶液的比热容越小，越有利于节能；但溶剂的浓度不能过高，浓度过高黏度越大，流动性差，严重时冲塔、带液，影响气体装置的正常运行和产品质量控制；若浓度过低，吸收选择性降低，能耗增大。

21. 溶剂再生装置胺溶液系统中的热稳定盐类的存在对操作有何影响？

答：热稳定盐类的存在增加了溶剂溶液的腐蚀性；同时，由于系统中热稳胺盐的不断累积，对酸性气体的吸附容量随运行时间的增加而降低，导致气体脱硫效率逐渐降低，一是产品质量不合格，二是不断补充新剂，造成剂耗增加，操作成本增加。

22. 溶剂再生装置系统胺液降解的主要形式是什么？

答：胺液降解主要有三种形式：

1）热降解：当溶剂再生系统温度过高时，就会发生热降解。

2）化学降解：系统的胺液与 CO_2、有机硫化物反应生成碱性产物，使溶剂的有效浓度降低。

3）氧化降解：吸收塔使用的 N-甲基二乙醇胺溶液，在吸收过程中，可能形成氨基酸类降解产物 N-二（羟乙基）甘氨酸，它是惰性物质，具有极性且为强螯合剂，它会造成设备腐蚀。降解产物的形成还会增加溶剂的黏度和密度，降低溶剂表面力，并减少溶剂中胺的有效含量，从来降低脱硫效果。

23. 烃类存在对溶剂再生装置有何影响？

答：如果操作有波动，大量的烃类物质被带到溶剂再生系统，就会影响溶剂的再生效果，特别是当 C_5 含量过多带入溶剂系统，对溶剂造成严重的污染，降低溶剂的有效浓度，影响脱硫效果。

第三节　胺液罐区工艺技术问答

1. 简述罐区检罐时的退液步骤。

答：1）罐前，首先确定需检修罐内（MDEA 罐区、TEG 罐区或酸水罐区）液位。

2）根据其他 MDEA 储罐液位情况，将罐内溶液转移至其他合适的储罐存放。如罐区有储罐 A、B、C、A 需检修，则将 A 罐内溶液通过罐区胺液泵打至液位较低的 B 罐或 C 罐。

3）后将罐内剩余的残液通过密闭排放排入罐区地下回收罐内，再通过回收罐泵将回收液送往 B 罐或 C 罐内。

4）无地下回收罐的储罐，可通过罐车将低点溶液回收后重新回注。

2. 简述罐区检罐前的清洗步骤。

答：1）溶液退液完成后，进行上水浸泡冲洗。

2）打通被检罐除盐水流程，将被检罐上除盐水至 1m 左右液位，然后关闭上水流程。

3）启动灌区泵进行回流运行，运行 20min 后停止运行。

4）罐内剩余溶液通过密闭排放线全部排入罐区地下罐内，通过回收罐泵将回收罐内溶液打入其他储罐内。重复冲洗浸泡 2~3 次。

3. 简述罐区检罐时的隔离方案。

答：1）系统隔离作业在氮气置换及化学清洗作业完毕后进行。

2）根据检修要求，详细制定系统隔离措施，重要操作程序制定确认表。

3）对整个系统隔离做进一步确认，准备隔离作业使用的不同规格盲板，制定完善的盲板总表，确定明确的盲板负责人，建立检修盲板台账，界区盲板及安全阀副线临时盲板建立独立盲板总表。

4）进入装置检修现场的操作人员，必须按规定劳保着装，戴安全帽和硫化硫检测仪，佩戴使用空呼，无关人员严禁进入现场。

5）检修装置用围栏带隔离，对有毒有害检修部位挂醒目标示警示，对关键作业部位进行专人监护。

4. 简述罐区检罐时的蒸罐步骤。

答：1）储罐清洗钝化完成后，进行储罐蒸罐作业。

2）开罐顶放空流程，保证蒸罐汽量；同时打开罐底至地下回收罐流程，及时回收冷凝水。

3）开通罐底部低压蒸汽流程，保证一定的蒸汽量，蒸罐时间为 24h，同时及时将回收的凝结水送往污水处理装置。

4）蒸罐结束后关闭蒸汽流程，及时通入低压氮气进行降温，并进行微正压保护。

5. 罐区管线水冲洗要具备的条件及目的是什么？

答：1）罐区各罐及工艺管道水压试验完毕，罐区各泵单机试运完毕。

2）通过水冲洗，检查设备、管线密封点、焊口是否泄漏。

3）进一步清除留在管线内的铁锈、焊渣等杂物，并检查管线、设备，确保畅通无阻。防止卡坏阀门，堵塞管线、设备。

4）利用除盐水对管道进行水冲洗，水冲洗压力不得超过容器和管道系统的设计压力。

5）施工单位准备好相应规格的短接，盲板和铁皮。

6. 罐区管线水的冲洗方法是什么?

答: 1) 水冲洗之前, 先用人工方式将管线及容器内的明眼可见的杂物进行清扫干净。

2) 要把所有的孔板、计量表、切断阀、疏水器、调节阀及泵出口单向阀等管线附件拆下(不需要拆的应注明), 关闭仪表到引压线第一道阀(根部阀), 压力表手阀, 温度计手阀, 液面计连通阀, 采样引出阀, 待主管线水冲洗干净后, 再逐一打开水冲洗。

3) 在水冲洗过程中, 应尽量遵循先吹主管、后吹支管, 沿管线向下或水平水冲洗的原则。

4) 严禁先向设备内进水冲洗, 以免将杂物吹入设备内, 若水冲洗介质必须经过设备, 将设备的入口管线水冲洗干净后, 介质方可经过设备, 然后按流程向后水冲洗。

5) 应尽可能分段水冲洗, 水冲洗一段连接一段, 一直水冲洗下去, 不水冲洗的管路或水冲洗完毕的管路, 在与其连接的设备出入口处用盲板或关闭阀门进行隔断, 防止水冲洗不完全, 直到全线水冲洗干净, 流程贯通后系统再进行全面水运, 直至管路法兰及设备附件无泄漏为止。

6) 水冲洗面不要铺得太大, 以免水冲洗介质供应不足, 影响水冲洗效果和质量。

7) 水冲洗总过程要有专人负责, 统一指挥协调, 具体水冲洗要一个区域一个组, 一条管线一个人的分工负责。水冲洗完成后, 由水冲洗者本人、班组逐级对水冲洗质量进行检查验收, 并做好记录。

8) 水冲洗前所加的盲板、拆卸的孔板、调节阀、短节、单向阀等附件必须专人负责记录整理, 水冲洗结束后恢复原状。

7. 罐区管线水冲洗检查的标准是什么?

答: 水冲洗时用木锤轻敲管道, 产生振动, 以将脏物水冲洗出管道。水冲洗时将全部流程水冲洗完, 不留死角, 水冲洗时出水确认无杂质, 出水水色和透明度与入口处的水色和透明度目测一致为水冲洗合格, 清洗完毕办理签字确认手续。

8. 冲洗罐区管线后的注意事项有哪些?

答: 1) 在罐区各管线进行水冲洗时将冲洗管线的排污倒淋阀打开进行排污, 待排放液干净后关闭。

2) 待罐区管线全部冲洗完毕后将罐内水排净后打开人孔对罐内的清洁情况进行检查, 确认罐内干净后封闭人孔, 然后对罐区各条管线进行气密检查。

3) 罐区各管线水冲洗完毕后将罐区工厂风接入低点排放阀组将各管线中的积水吹扫干净, 保证管线内干燥无水。

第七章　放空火炬装置技术问答

第一节　放空火炬装置工艺原理

1. 什么是放空火炬系统？

答：放空火炬系统是用来处理石油化工厂、炼油厂、化工厂、天然气处理厂及其他工厂或装置无法回收和再加工的可燃有毒气体及蒸汽的特殊燃烧设施，是保证工厂安全生产，减少环境污染的一项重要措施。

放空火炬系统可分为高架火炬和地面火炬。根据火炬系统的设计处理量、工厂所在地的地理条件以及环境保护要求等因素，决定采用何种形式的火炬。

2. 对于放空火炬的性能有什么要求？

答：1）在设计工况下排放燃烧稳定不回火。

2）燃烧完全无烟满足环保要求。

3）放空火炬头配备动态密封机构。

4）放空火炬燃烧噪声小，满足环境噪声要求。

5）放空火炬运行维护简单、操作费用低。

6）放空火炬在装置正常运行时，长明灯不点燃，可节省燃料气。一旦发生事故时，随着大量气体排到火炬，要求火炬系统立即点燃长明灯，进而引燃排放的气体，确保事故气体得到安全排放。

7）具有备用的爆燃式点火装置。

8）放空火炬的火炬头底部设有分子密封器，能可靠的阻止空气回流，保证火炬系统的安全。

9）放空火炬具备半自动、硬手动点火方式，点火系统可与 DCS 系统进行数据通信。

3. 普光天然气净化厂放空火炬有何特点？

答：火炬设施是天然气净化厂重要的安全与环保设施，用于处理天然气净化厂、集输总站，赵家坝污水站等装置和设施各种工况下排放的火炬气。天然气净化厂火炬工艺共分为两套火炬系统，分别为高压火炬及相应的配套设施一套、低压火炬及相应有配套设施一套，火炬总高度为139m。两套火炬同塔架敷设。为保证全厂装置在紧急事故工况下将含有硫化氢的酸性气点燃，火炬采用长明灯形式，火炬采用先进的点火控制系统，可实现操作室远程点火和现场就地点火。每套火炬筒体配一套高空电点火器和一套地面爆燃型电火器。两套火炬中每个火炬配长明灯 4 台，长明灯配有铠装热电偶对长明灯的工作状况进行监测，当长明灯熄灭时，能自动启动高空点火系统点燃长明灯。长明灯按任何时候都保持长明设计，以确保火炬气的安全点燃。

4. 天然气净化厂放空火炬一般由几部分组成？

答：1) 采用高架塔架式火炬结构。

2) 火炬系统由火炬头、密封器、点火与控制装置三大部分组成。

3) 火炬头设置蒸汽消烟装置，无烟燃烧，火炬头耐温：大于 1000℃（长期）。

4) 火炬头设有有效防止回火的装置，能确保正常排放燃烧时不回火。

5) 火炬头配有防风罩和火焰稳定圈，保证正常排放时的抗风能力和燃烧稳定性。

6) 在火炬头的底部设有迷宫式分子密封器，防止空气倒流，能确保火炬系统安全。

7) 配备了地面爆燃式点火器，在火炬自动点火失灵的情况下，能方便地手动点燃火炬和长明灯。地面点火装置的管道和阀门全部采用不锈钢。

8) 由 PLC 构成的自动点火系统，可进行火炬排放气体的在线检测，长明灯的自动点火控制及检测，火炬火焰检测，灭火报警及自动投运。

5. 如何区分普光天然气净化厂高、低压放空火炬？

答：天然气净化厂高低压火炬按照建北的方位来区分，北侧塔架处于燃烧状态的为高压火炬，处于备用状态的为低压火炬；南侧塔架处于燃烧状态的低压火炬，处于备用状态的为高压火炬。在对方位较模糊时，靠近天然气净化厂第三联合装置的为南侧塔架，远离第三联合装置为北侧塔架。如在火炬单元可根据分液罐、水封罐及火炬筒体直径进行区分。

6. 火炬岗的操作任务是什么？主要操作要点是什么？

答：确保长明灯安全燃烧，在事故状态或异常情况下，确保排往火炬系统的高低压放空气能够及时被点燃，并安全燃烧。及时上水，防止回火现象发生，定期排污防止排污管线堵塞。按时巡检防止"跑、冒、滴、漏"现象发生。

操作要点：

分液罐液位变化情况，确保液位在工艺规定之内；水封罐的液位变化情况，确保液位在工艺规定之内；分子封内保持微正压，防止回火；合理调节蒸汽流量；关注火炬长明灯温度是否在工艺规定范围之内；合理调整氮气阀开度；关注污水池的液位变化

7. 火炬岗操作人员的操作原则是什么？

答：火炬岗操作人员的操作原则主要包括以下 5 点：

1) 生产中坚决执行工艺纪律，严格按工艺卡片操作，对参数的调节准确迅速。

2) 在平稳操作的前提下，优化操作条件，保证产品的质量。

3) 加强岗位间联系，协调处理问题。

4) 操作不正常或发生事故时，要沉着冷静，正确分析，果断处理，不得因误操作造成事态扩大。

5) 严格遵循事故处理原则。

8. 天然气净化厂放空火炬的点火方式有几种?

答:火炬采用先进的点火控制系统,可实现操作室远程点火和现场就地点火。每套火炬筒体配一套高空电点火器和一套地面爆燃型电火器,天然气净化厂放空火炬的点火方式有PLC自动点火、DCS遥控操作点火和现场手动点火3种方式。

高空自动点火操作包括PLC自动点火、DCS遥操点火,具体操作如下:

由长明灯的温度信号作为点火触发信号,通过自动点火系统自动点燃长明灯。自动点火系统由触发单元、控制单元、点火单元、执行单元和检测单元五大部分组成,长明灯温度信号作为自动点火的触发信号,控制单元为现场PLC;高空点火枪燃料气管线上的气动断阀和高能点火器作为点火执行单元;长明灯热电偶作为火焰检测单元;控制单元根据长明灯的温度信号,判断是否应发出点火信号,若长明灯熄灭,控制单元将发出点火指令,打开高空点火枪燃料气管线上的气动切断阀,触发高压电点火装置点燃高空点火枪,高空点火枪的火焰随后引燃长明灯,当长明灯热电偶检测到长明灯已燃后,点火控制单元将切断高空点火枪燃料气管线上的切断阀,同时停止点火,自动点火系统回至巡检状态。当某种原因长明灯或火炬熄灭时,系统会自动再将长明灯或火炬点燃。DCS系统通过与现场PLC系统之间的通信信号,可以直接控制高空自动点火,当DCS系统故障无法发出点火信号时,现场的PLC系统可以实现独立控制点火程序,实现故障状态下的高空点火。

DCS遥操点火具体操作如下:

在控制室内设遥操点火按钮,操作人员可在控制室内通过高空电点火装置遥操点燃长明灯,遥操点火和自动点火方式的唯一区别仅为点火触发信号不同。

手动点火操作(地面爆燃点火操作)每套火炬各设一套地面爆燃点火盘,可实现长明灯现场就地点火。当需现场点火时,首先打开防爆箱面板上的电源,待电源指示灯亮后。其次打开仪表空气管线的手动阀和燃料气线上的手动阀,并打开相对应的火焰爆燃管上的手动阀,在火焰爆燃管内充满可燃气混合物,接着按下防爆箱面板上的点火按钮,点火电极电弧放电,产生电火花,引燃火焰爆管内的可燃气体混合物。在火焰爆燃管内形成爆燃火焰。火焰在管道内以爆燃形式传递到相应的长明灯,点燃长明灯。

9. 地面爆燃的原理及特点是什么?

答:地面爆燃点火是指燃料气与空气按一定比例混合,达到爆炸范围后,遇火产生微小爆炸,产生的火焰以亚音速沿密闭管道传至火炬头顶部,引燃长明灯。

10. 流体密封器的工作原理是什么?

答:火炬气大量放空后,由于火炬头头部温度降低,空气沿着火炬头内壁进入到流体密封器,由于流体密封器的作用,空气逐渐改变它的方向,逆行流动回退至流体密封器顶部,与此同时,带压的密封气体(燃料气)由火炬头下部流动至流体密封器处,并进入到流体密封器中最小孔径位置,此时,密封气体的流动速度也随之增至最大,最终到达流体密封器的顶部而喷射出去。这样,带有较高速率的密封气体,把进入到流体密封器顶部的空气不断挟带着回喷至火炬头顶部进入到大气中,从而达到防止回火的目的。

11. 分子密封器的原理是什么？

答：分子密封器是火炬设施中防止回火、爆炸的一个重要设备。当火炬处于停工或小流量工作时，连续从火炬总管补充比空气轻的氮气（或其他可燃气体），利用吹扫气体的浮力在分子封内形成一个压力高于大气压的区域，这样使火炬外面的空气不能进入压力较高的火炬内部，从而阻止了火炬头部燃烧着的火焰倒灌及发生内部爆炸事故。

12. 为何设置放空火炬分液罐？分液罐液位上升后应如何处理？

答：火炬分液罐是火炬系统的重要组成部分，每根火炬排放总管都应设置分液罐，以分离气体中夹带的液滴以及两相流中的液相。通常情况下在装置区设置分液罐减少火炬总管的液相负担。当火炬设置在距离装置有一段距离时放空管线内可能有凝液生产或放空时无法控制导致装置内分液罐满液位，因此火炬总管需设置分液罐。

液位上升后处理操作如下：

分液罐液位达到 300mm 或上涨速度较快时，取样分析分液罐内分离液含 MDEA 量，若主要成分为 MDEA，则执行如下操作：

联系调度火炬分液罐向 MDEA 罐区排液。接调度通知准备排液。确认分液罐排液泵出口至酸性水管网阀门关闭。导通泵入口阀。启动排液泵，并导通出口阀，开始排液。当分液罐液位达到 100mm 时，停止排液。关闭泵出口阀后停泵。汇报调度，作业完毕。

分液罐液位达到 300mm 或上涨速度较快时，取样分析分液罐内分离液含 MDEA 量，若主要成分为非 MDEA，则执行如下操作：

联系调度准备向污水处理场排液，要求导通图幅排液阀。接调度通知，准备对火炬分液罐进行排液。确认酸性水管网至污水处理场阀门已导通。确认酸性水管网至酸性水罐流程关闭。导通排液泵进口阀门。导通泵出口手阀。启动泵凝液泵，打开泵出口阀，开始排液。排液时通过泵出手阀控制排液量。当分液罐液位下降至 100mm 时，关闭泵出口手阀，停泵。导通水封罐上水泵上水流程，准备对酸性水管网进行水冲洗。启动新鲜水泵后，待泵出口压力正常后打开泵出口阀，开始对酸性水管线进行水冲洗。冲洗 15min 后关闭泵出口阀，停泵，关上水跨线阀。作业完毕汇报调度，并通知调度排液完毕，可以关闭图幅手阀。

13. 什么是回火现象？

答："回火现象"就是指火焰或其根部返回到放空管线里去，进而顺着管线燃烧至联合装置的现象。严重时可引发装置爆炸。

14. 防止回火的措施有哪些？

答：火炬发生回火是严重的事故危害，必须严加防范。高、低压火炬系统均设有以下两道防止回火措施：

1）设置水封罐。水封罐能够可靠地保护全厂可燃排放气体系统，即使发生了回火事故，火焰传播至水封面即被阻止，阻火安全可靠。

2）设置流体密封器。为了防止空气进入火炬筒体内发生爆炸事故，火炬筒体内通入燃料气作为密封气，把进入到流体密封器顶部的空气不断挟带着回喷至火炬头顶部进入到大气中，从而达到防止回火的目的。

15. 低压火炬为何要燃料气伴烧？

答： 低压火炬放空气平时来源于各单元的闪蒸气，事故状态为装置区排放的酸性气，硫化氢含量达到60%以上，为保证低压火炬气中的酸性气能够有较高的分解率，在低压火炬气中引入燃料气进行掺混，以提高低压火炬气的热值。

16. 简述高含硫天然气净化厂高压放空气相流程。

答： 各装置内高压放空管线汇集至装置内高压火炬分液罐，经分液后汇入火炬总管，经高压火炬分液罐分液、升温后进入水封罐，经水封后进入火炬筒、流体密封器、火炬头焚烧。

高压火炬系统用于处理工厂高压排放气，各排放源排放的高压火炬气由火炬管收集后通过总管送往火炬处理，高压火炬系统由高压放空总管，高压火炬加热器、高压火炬分液罐、高压火炬水封罐、高压火炬筒及其他附件组成，高压放空气自高压放空总管与系统来的燃料气汇合后进入高压火炬分液罐分液，并在此将可能出现的低温排放气升温，后进入高压火炬水封罐，并冲破水封罐的水封进入高压火炬筒，经流体密封器后排出火炬头，并由自动点火系统或节能长明灯点燃。

17. 简述高含硫天然气净化厂低压放空气相流程。

答： 各装置内低压放空管线汇集至装置内低压火炬分液罐，经分液后汇入火炬总管，经低压火炬分液罐分液后进入水封罐，经水封后进入火炬筒、流体密封器、火炬头焚烧。

低压火炬系统用于处理工厂的低压排放气，各排放源排放的低压排放气由火炬管收集后通过总管送往低压火炬处理，低压火炬系统是由低压火炬放空总管，低压火炬分液罐、低压火炬水封罐、低压火炬筒及其他附件组成。低压火炬气先送至分液罐，通过分液罐分液后再进入低压火炬水封罐并冲破水封罐的水封，进入低压火炬筒，经流体密封器后排出火炬头，并由自动点火系统或节能长明灯点燃。

18. 简述火炬系统燃料气的流程。

答： 燃料气由全厂管网接入火炬设施界区进入燃料气罐进行分液后分成四路，分别送至火炬头的长明灯、地面点火系统、高空自动点火系统。另一路燃料气作为火炬的伴烧气，在酸性气热值低时向火炬头内补充燃料气使酸性气充分燃烧。

19. 放空火炬系统共有几台泵？作用是什么？

答： 火炬系统共有4台泵。

高压火炬凝液泵两台；将高压放空带液打入罐区或污水处理场。

低压火炬凝液泵一台；将低压放空带液打入罐区或污水处理场。

新鲜水泵：给高、低压火炬水封罐补充新鲜水，确保水封罐液位在控制范围内。

20. 火炬系统消耗的公用介质有几种？

答：火炬系统消耗的公用介质有新鲜水、净化风、非净化风、低压蒸汽、燃料气、低压氮气。

21. 高含硫天然气净化厂高、低压火炬的排放要求？

答：1）选用节能型高效火炬头，火炬基本无烟燃烧排放，正常情况排放及开停车燃烧噪声不大于 90dB，燃烧率不小于 98%。

2）酸性气硫化氢燃烧率不小于 98%。

3）控制厂界区二氧化硫落地浓度 $\leqslant 0.5mg/m^3$。

4）控制厂界硫化氢落地浓度 $\leqslant 0.3mg/m^3$（一级合格）。

5）氮氧化物控制在最小范围内。

22. 火炬放空系统有哪些工艺联锁？

答：1）分液罐液位高高时，启动凝液泵，液位低低时停止凝液泵。

2）高压及备用火炬分液罐出口放空气体温度低低时，打开低压蒸汽管线切断阀对放空气体进行加热。

3）水封罐液位低低时打开补水切断阀。

4）水封罐水温低低时打开低压蒸汽切断阀，对水封水进行加热。

23. 火炬泄放酸性气注意事项有哪些？

答：1）在非生产异常情况下，严禁向火炬泄放酸性气。

2）在紧急情况下酸性气需放火炬，应事先与调度部门取得联系，并征得同意。

3）酸性气放火炬之前，调度应安排火炬开助燃燃料气燃烧，确认火炬点大火后，酸性气才能放火炬，以确保硫化氢燃烧完全，避免造成恶臭和中毒事故的发生。

4）硫化氢放火炬后，须用燃料气吹扫置换火炬线，确保火炬管线的畅通。

24. 主要的危险品有哪些？有何危害？如何防护？

答：主要危险品为硫化氢，硫化氢是强烈的神经毒物，低浓度时，对呼吸道有明显刺激作用，高浓度时，会引起呼吸停止，更高浓度也可直接麻痹呼吸中枢而立即引起窒息，造成"电击样"中毒。进入可疑作业环境之前，必须携带便携式硫化氢报警仪。进入高浓度的硫化氢场所，应有人在危险区外监护，作业人员要戴正压式空气呼吸器，身上系上救护带，并准备其他救生设备。加强通风排气，生产过程中有毒物料的取样排放等做到在密闭条件下进行。对自动报警器进行定期校验，对装置操作人员进行中毒预防及急救知识教育。

第二节　放空火炬装置常见问题及处理措施

1. 放空火炬与上游生产装置之间的关系是什么？

答：放空火炬装置用于厂内联合装置在开停工、事故或紧急工况下向火炬排放的可燃气体及集输总站和赵家坝污水站在开、停工、事故或紧急工况下排放的可燃气体。当联合装置、集输总站或赵家坝污水站等装置出现放空情况，必须及时通知放空火炬装置，加强放空火炬装置各项参数监控，并及时调整火炬燃料气的补充量，保证放空气体燃尽率。

2. 高压火炬分液罐出口温度如何控制？

答：高压火炬分液罐出口温度控制目标是 40℃，控制范围是 35～45℃。

相关参数包括高压火炬分液罐出口温度；高压火炬分液罐盘管伴热蒸汽流量。

控制方式是通过调节低压蒸汽进高压火炬分液罐进口蒸汽旁通管线流量来控制高压火炬分液罐出口温度。

3. 高压火炬分液罐出口温度的影响因素是什么？如何处理？

答：高压火炬分液罐出口温度急剧升高，原因：进料突然中断，仪表失灵；处理方式：立即降低高压火炬分液罐进口蒸汽旁通管的蒸汽供给，找出中断原因及时恢复进料，联系仪表检查修理。

4. 备用火炬分液罐出口温度如何控制？

答：备用火炬分液罐出口温度控制目标是 40℃，控制范围是 35～45℃。

相关参数包括备用分液罐出口温度；低压蒸汽进备用分液罐进口旁通管线流量。

控制方式是通过调节低压蒸汽进高压火炬分液罐进口蒸汽旁通管线流量来控制高压火炬分液罐出口温度

5. 高压火炬分液罐液位如何控制？

答：高压火炬分液罐液位控制目标是 200mm，控制范围是 100～300mm。

控制方式是当分液罐液位达到 200mm 时，通过排液泵将凝液排至排出口，使液位达到 100mm 以下。

取样化验凝液成分主要为 MDEA 时，将凝液排至 MDEA 罐区，取样化验凝液中无 MDEA 成分，则启动排液泵，将凝液排至污水处理厂，使液位保持在 100mm 以下。

6. 低压火炬分液罐液位如何控制？

答：低压火炬分液罐液位控制目标是 200mm，控制范围是 100～350mm。

控制方式是当分液罐液位达到 200mm 时，通过排液泵将凝液排至排出，使液位达到 100mm 以下。

7. 低压火炬分液罐液位突然上升应如何处理?

答： 取样化验凝液成分主要为 MDEA 时，将凝液排至 MDEA 罐区，取样化验凝液中无 MDEA 成分，则启动排液泵，将凝液排至污水处理厂，使液位保持在 100mm 以下。

8. 备用火炬分液罐液位如何控制?

答： 备用火炬分液罐液位控制目标是 200mm，控制范围是 100~300mm。

控制方式是当分液罐液位达到 200mm 时，通过排液泵将凝液排至排出，使液位达到 100mm 以下。

9. 高压火炬分液罐与低压火炬分液罐有何差异?

答： 1)高压火炬分液罐体积较低压火炬分液罐大。

2) 高压火炬分液罐放空气入口有两个，低压火炬分液罐入口一个。

3) 高压火炬分液罐有蒸汽加热，低压火炬分液罐无蒸汽加热。

10. 低压火炬燃料气补气调节阀为何设双副线?

答： 低压火炬燃料气补充阀门一路副线正常情况下阀门处于全开状态，燃料气补充量通过限流孔板限流，约 $50m^3/h$，除检修状态外均处于投用状态。另一路副线在燃料气调节阀出现问题时用于及时切换。

11. 低压火炬燃料气补气调节阀如何切至副线运行?

答： 1)通知改调节阀副线操作。

2) 加强对相关部位的监控，并逐渐的关闭相应的调节阀。

3) 慢慢关小调节阀上游手阀，待手阀的流量与调节阀的流量较接近时，主要是看所控的主要参数基本维持不变，关手阀与开副线阀的操作同时进行。

4) 当调节阀上游手阀完全关闭时，副线阀也要停止连续开启操作，而是根据工艺要求作适当的微调。

5) 若调节阀需要拆修时，则关闭调节阀的下游手阀，并打开调节阀前的放空阀进行放空后联系仪表工处理。

12. 低压火炬燃料气补气副线如何切回调节阀运行?

答： 1)先与内操联系好要把调节阀由副线操作改回调节阀操作。

2) 加强对相关部位的监控。

3) 联系室内检验调节阀是否灵活好用。

4) 上 50% 的风压信号，进行跟踪校验。

5) 打开调节阀的下游阀。

6) 打开上游阀的虚扣直至现场指示稍动即止。

7) 一人开上游阀同时一人关副线阀，主要是看所控的主要参数基本维持不变，以现场指示波动最小为好，直至副阀全关，上游阀全开。

8) 用调节阀调节至正常控制范围内。

13. 玻璃板液位计故障如何处理？

答： 1）确认玻璃板液位计切出处理。

2）处理易燃、易爆、高温、有毒、腐蚀介质时须先关闭液位计的上下引线阀。

3）在玻璃板下排凝处接胶皮带将玻璃板内残存物料放入地漏。

4）分别确认上下引出线是否畅通。

5）处理完之后关闭上下排凝阀。

6）在处理含硫化氢部位时应戴空气呼吸器，处理含有腐蚀性介质时应配备有相应的防目镜、手套、防护服等，并有专人监护。

14. 水封罐的作用是什么？

答： 火炬气通过水封罐进口管道，进入水封罐内的水面以下，达到一定压力后冲破水封进入火炬筒体进行放散。

水封罐的作用是防止回火现象的发生，假设发生回火，火焰通过火炬气出口进入水封罐后因为入口管道在水面以下，因此杜绝了火焰的继续传播。

水封罐流程的工作原理：

含硫化氢天然气通过水封罐进口管道进入水封罐的底部，通过底部筛管分散气流后进入水域空间，含硫化氢天然气从水域底部上升后聚集在水封罐的液体上部空间，当气体不断由液体中分离出来，在上部空间聚集形成一定压力后，由水封罐顶部出口管线排出燃烧。当发生回火时，水域成为含硫化氢天然气流程的隔断部分，能够有效地保护生产罐，同时天然气通过水域空间时，一部分凝液被降温分离，在水域上部形成凝析液层，减缓了阻火器的堵塞情况。

15. 水封罐对补水水质有何要求？如何给水封罐上水？

答： 水封罐补水使用新鲜水。

手动打开水封罐进水调节阀门，给水封罐加水，待水位上升至正常要求值时，关闭进水调节阀，停止加水。投用水封罐水温控制系统，保持水封罐水温达正常要求值。水封罐正常情况下将水封高度控制在要求值，水封不够时及时补水。根据火炬放空气排放情况对水封罐进行换水封，也可根据水封含渣情况随时换水封，置换后的酸水排至污水处理场。换水封时，应安排两人到场，一人操作，一人监护，并配戴合格的防护器具。

16. 高低压水封罐为何设置溢流管线？

答： 水封罐是火炬系统防回火的重要设备之一，其溢流方式直接影响凝缩油的排放，而水封罐撇油、换水操作也会对火炬系统产生影响。对典型的水封罐结构及溢流方式进行总结分析，结果表明：采用带挡板的水封罐可以明显减少换水量，而将溢流口设置在罐壁上可以有效撇油，并且能够避免撇油过程中的安全隐患。通过具体实例，给出典型罐壁开孔的水封罐结构及运行参数，并提出对于火炬水封罐溢流口位置设置的建议：设计中，优选在水封罐壁不同高度开口的方法，若采用连通管溢流方式，则需制定详细的撇油、换水作业操作规程，并严格执行。

17. 火炬点火前应具备哪些条件？

答：设备管线安装完毕，现场施工完毕。现场设备周围杂物清理干净。仪表风、氮气、新鲜水、燃料气正常引入火炬系统。放空管线氮气置换完毕并且已经取样合格。所有电、泵、仪器设备均调试完毕可正常工作。调节阀门开关灵活，DCS 指示与现场指示对应无误。点火系统已调试完毕，长明灯可正常点燃。非装置操作人员已安全撤离。

18. 火炬单元开工准备工作有哪些？

答：1）汇报调度，通知放空单位，做好放空准备。

2）准备按正常点火程序点燃长明灯。

3）联系仪表风、氮气、新鲜水、燃料气部分正常供给。

4）联系电气送电。

5）投用高压/备用火炬加热器，低压蒸汽进火炬加热器调节阀前后手阀打开，旁通阀关闭，投用后处于手动状态。

6）缓慢打开各火炬加热器蒸汽调节阀和切断阀，引蒸汽进高压火炬加热器。打开疏水阀旁路阀，待无水流出现后，投用疏水阀。

7）投用火炬分液罐，分液罐上的压力表、液位计、温度计。

8）投用高、低火炬水封罐，水封罐上的压力表、液位计、温度计，生产给水进水封罐切断阀投手动，打开进水切断阀旁通限流孔板手阀，待水位上升到 700mm 时，关闭进水阀，低压蒸汽进火炬水封罐进口切断阀投手动，打开切断阀，待水温上升到要求值时，关闭蒸汽进口切断阀。

9）投用流体密封器，打开一联合、四联合、六联合处高低压火炬管网补气点及低压火炬筒底部燃料气调节阀，引燃料气进高低压火炬头。

19. 高、低压火炬检修时如何切换至备用火炬？

答：1）联系调度室，准备将高(低)压火炬切换至备用火炬。

2）接班长通知，开始准备切换火炬操作。

3）将备用火炬分液罐入口手阀后及水封罐出口手阀后两块盲板倒为开位。

4）打开备用火炬分液罐入口两道手阀，待压力稳定后，打开备用火炬水封罐出口至高(低)压火炬手阀。

5）投用流体密封器，打开各处高低压火炬管网补气点及低压火炬筒底部燃料气调节阀，引燃料气进备用火炬头。

6）关闭高(低)压火炬分液罐入口手阀。

7）观察 DCS 系统火炬温度情况。现场观察火炬火焰燃烧情况。

8）火炬切换完毕，汇报调度。

20. 高压火炬背压上升的原因有哪些？

答：1）高压火炬放空带液严重，火炬分液罐满液位。

2）高压火炬放空水封罐液位满液位或液位较高。

3）水封罐伴热泄漏导致水封罐液位持续上升。

4）压力仪表出现问题需校验仪表。

21. 低压火炬背压上升的原因有哪些？

答：1）低压火炬放空带液严重，火炬分液罐满液位。

2）低压火炬放空水封罐液位满液位或液位较高。

3）水封罐伴热泄漏导致水封罐液位持续上升。

4）压力仪表出现问题需校验仪表。

22. 装置区高压放空时应如何操作？

答：接到调度室有放空指令后，确认放空介质是不合格净化气还是高压氮气，如是不合格净化气则不需进行补燃料气作业，需要关注高压火炬分液罐液位、出口温度及水封罐液位是否合适。如高压放空是联合装置气密放空氮气，则需进行补燃料气作业，同时注意观察火炬燃烧情况，防止出现火炬熄灭的事故发生。

对于突发性装置联锁放空，因其放空气成分与不合格净化气相仿，甲烷含量高于70%，因此不需进行补燃料气作业，需要关注高压火炬分液罐液位、出口温度及水封罐液位是否合适。

23. 装置区低压放空时应如何操作？

答：联合装置日常生产过程中有少量闪蒸气放至低压火炬放空，闪蒸气主要成分为甲烷，含少量硫化氢和二氧化碳，此时应尽可能关小燃料气补气阀，以节省燃料气。如遇到装置放空，低压火炬放空气主要组分为硫化氢和二氧化碳，此时应根据火焰燃烧情况加大补气量，确保火炬处于燃烧状态，防止因火炬熄火导致的硫化氢大面积扩散。

24. 低压火炬火苗颜色发蓝的原因？

答：低压火炬火苗颜色发蓝的原因主要有两点：

1）低压火炬火苗颜色发蓝基本可以判定装置内闪蒸气吸收存在问题，不能很好地将闪蒸气中的硫化氢脱除，应对各系列装置闪蒸气进行取样，根据化验结果调整闪蒸气吸收塔的胺液量已达到理想的吸收效果。

2）可能存在低压放空安全阀内漏、副线阀内漏等情况及胺液再生塔顶压控阀内漏等，需联合装置进行大面积排查，火炬水封罐应加大置换力度，缓解腐蚀现象。

25. 低压火炬颜色有黄色浓烟时应如何操作？

答：低压火炬出现黄色浓烟基本可以判定是装置区有大量低压放空，此时应根据火焰燃烧情况加大补气量，确保火炬处于燃烧状态，防止因火炬熄火导致的硫化氢大面积扩散。同时应注意火焰温度及水封罐液位。

26. 高低压火炬颜色发白应如何处理？

答：火炬颜色发白，成雾状有可能是：水封罐伴热泄漏，低压蒸汽进入放空气，导致火焰颜色发白，同时伴有温度下降，此时可以查看分液罐和水封罐出口温度，以判定是哪处伴热泄漏并进行维修。

27. 火炬燃烧时回火的原因是什么？如何避免？

答：火炬燃烧时回火工况主要有以下三种：1）当工厂停运，吹扫气断流失去密封时，火炬筒体及放空管内存留的烃类气体和来自火炬头顶端倒流入火炬放空系统的空气混合，在达到爆炸下限时，立刻发生爆炸。

2）在火炬点火过程中，由于未置换尽火炬放空系统中的空气和放空的烃类气体混合，且处于爆炸下限，此时点燃长明灯有可能引发回火爆炸。

3）当火炬在燃烧过程中，排放气量急剧减少，流速很低，火炬及放空管直径又偏大时，吹扫气量不足，不能将大气中的空气阻止在火炬头外，空气倒流入火炬放空系统，当达到爆炸下限，即刻发生回火爆炸

为防止燃烧爆炸事故的发生，防止火炬系统回火，火炬放空系统中阻火设施的有效性显得极为重要。目前国内外化工及炼油企业采取以下措施来防止火炬回火：

1）向火炬系统内吹气，在任何情况下使火炬系统内排放流量均保持某一最小值以上（流体密封器）。

2）火炬底部附近采用水封或在火炬筒顶部采用气体密封，并注入一定量的密封气体，防止火焰从火炬顶部倒入火炬筒体及排放总管内，以达到防止回火的目的（水封罐）。

3）设阻火器、压力表及阻火器吹扫设施。在石油化工企业生产实际中常用防回火措施包括：动态密封器、火炬头设置分子封、水封罐、紧急吹扫设施、阻火器。

28. 如何避免"火雨"现象？

答：造成火雨的原因一是分液罐液位高，二是装置紧急放空大量带液。

处理办法：如果是分液罐液位高，则立即降低液位；如果是装置紧急放空大量带液，泄放速度过快，则联系调度协调泄放装置控制泄放速度；如果是蒸汽压力低，则联系调度协调动力提高火炬蒸汽压力。

29. 高低压火炬水封罐液位计为何容易堵塞？

答：高低压火炬水封罐原设计为长流水状态，新鲜水经给水泵补充至水封罐内，随着液位的上涨达到溢流液位后补充进入水封罐的水溢流至污水处理厂，但因实际生产条件不满足，天然气净化厂水封罐补水采取间歇补水方式，水封罐内水得不到置换，长期的累积大量的水垢、管线腐蚀产物等，容易堵塞液位计。

30. 水封罐上水流程堵塞应如何处理？

答：火炬上水流程堵塞一般采取疏通的方式，将上水管线与水封罐断开，使用高压水枪或试压泵进行高压疏通，该方法简便有效但伴随较大的风险。可采取临时线上水，如在水封罐液位计处、预留口处连接临时上水管线，待停工检修时对管线进行疏通。

31. 简述火炬应急排污池的作用。

答：火炬应急排污池主要作用是盛装水封罐置换液，因溢流方式无法实现，导致水封罐内液体污浊，长期运行将堵塞上水管线，需定期对罐内液体进行置换，置换时将置换液体排放至应急排污池，临时存放，上清液可进行回注。

32. 火炬塔架的结构是什么？

答：采用三边形、双曲线、变截面支撑塔架。火炬塔架主材质采用20#无缝钢管，爬梯、平台、栏杆等辅件材质为Q235，塔架主、副构件之间采用法兰螺栓连接。设3层休息平台及顶部检修平台，塔架设直爬梯。塔架采用工厂预制，现场法兰、螺栓组装方式进行安装。

33. 火炬系统的设置原则是什么？

答：火炬系统方案选择的原则为：安全、可靠、环保、卫生。火炬燃烧排放系统为工艺装置非正常生产的安全通道，要求在工艺装置各种排放条件下，能及时、安全地进行燃烧排放，且燃烧时对地面及周边装置产生的热辐射在规范的允许范围之内，火炬气中有害物质得以充分燃烧分解，燃烧产物残留物排放总量、排放速率、落地浓度等在规范允许范围内，以免造成环境污染。

34. 高含硫天然气净化厂放空火炬设计高度有什么要求？

答：装置会泄放 H_2S 的酸性气体，酸性气体也必须有酸性气火炬单独处理，H_2S 的燃烬率需大于99%，以减少对环境的污染。为保证硫化氢燃烬率，并考虑 SO_2 的落地浓度，因此此类酸性火炬气需要通过设置高架火炬系统燃烧排放。考虑到酸性气火炬是事故排放，因此控制 SO_2 最大落地浓度为 $5mg/Nm^3$，此时人们基本上闻不出 SO_2 气味。因此酸性气火炬通常设计高度在130m左右。

35. 放空火炬单元如何进行氮气置换？

答：1）全系统变流量、不憋压、多点进出气操作：在装置区多处选点同时进气，多点间断排气，反复2~3次后开始取样分析（要求采样点分布在装置各处，具有代表性），直至合格。2）分两段变流量部分憋压、多点进出气操作，此方法 N_2 用量较少置换彻底，但操作较麻烦，具体操作为：先用"8"字盲板将火炬分液罐出口封堵，分前后两段分别置换。保持火炬分液罐出口前系统压力为 0.1~0.2MPa，调换"8"字盲板方向，向火炬总管和火炬筒排放 N_2。火炬分液罐出口至火炬燃烧器之间的置换不憋压，采用变流量直排方式进行；反复2~3次后开始取样分析，直至合格。

第八章　碱渣处理单元技术问答

1. 碱渣的处理方式有哪些?

答：碱渣的处理方式有直接处理法、中和法、湿式空气氧化法(WAO)、化学氧化法、生物法。

直接处理法：一般是以焚烧法为主要处理方法。

中和法：即对碱渣和废液采用二氧化碳或硫酸进行中和，调节 pH 值，然后进入污水处理场生化处理。

湿式空气氧化法(WAO)：在高温高压的条件下，以空气中的氧气作为氧化剂，在液相中将有机物氧化为二氧化碳和水等无机物或小分子有机物，或在低温低压下，将碱渣中的碱化物氧化成盐，但对 COD 的去除效果不理想，成本也较高。

化学氧化法：即采用化学药剂为氧化剂，氧化碱渣中的氧化性有机物和无机物发生氧化还原反应，从而去除污染物的方法。

生物法：通过微生物的新陈代谢作用，使碱渣废液中的无机物等有害物质被微生物降解转化为无毒无害物质的过程。这种方法是现在应用比较广泛的碱渣处理方法，且经济、实用、高效。

2. 碱渣处理的主要化学方程式是什么?

答：$2S^{2-} + 2O_2 + H_2O \longrightarrow S_2O_3^{2-} + 2OH^- ——472.8kJ/mol(Na_2S)$

$S_2O_3^{2-} + 2OH^- + 2O_2 \longrightarrow 2SO_4^{2-} + H_2O ——475.7kJ/mol(Na_2S)$

3. 碱渣处理过程中化学耗氧量(COD)的概念是什么?

答：化学耗氧量(COD)是指污水中的有机物和可还原性的无机物与氧化剂反应所消耗的氧量。它直观地表示水体被污染的程度。

4. 什么叫作湿式氧化法?

答：所谓湿式空气氧化法，就是把水中溶解或悬浮的成分，以原有状态氧化分解，同时，把产生出来的氧化(燃烧)热量用蒸汽或动力的形式回收，是一种不用催化剂的方法。

5. 湿式空气氧化的反应过程包括哪些阶段?

答：降解废水中有机物的过程一般认为包括热分解、局部氧化和完全氧化三个阶段。

1) 热分解：在过程中，大相对分子质量的有机物溶解和水解，但并没有被氧化。热分解的速率主要取决于温度，其特点是固体 COD 减少和可溶性 COD 增加，而总 COD 不变。

2）局部氧化：在这过程中，大相对分子质量的有机物分子转化成相对分子质量较低的中间产物，如：乙酸、甲醇、甲醛和其他类似的物质。同时含氮有机化合物氧化到氨和一些低分子的中间产物。

3）完全氧化：局部氧化产生的有机中间产物进一步氧化成二氧化碳和水。含氮的低分子有机化合物氧化到氨。

6. 湿式氧化过程中氧气的扩散方式是什么？

答：湿式氧化法的氧化反应是在液相水中进行的，要使氧化反应顺利进行，除控制有机物含量外，水中溶解氧量也是主要的控制指标，在大气压下氧在水中的溶解度是随着温度的提高而下降的，但压力大于 $7.5 kgf/cm^2$ 时，氧在水中的溶解度则随温度的增高而加大。因此在湿式空气氧化过程中，必须在加压条件下维持液相中氧的溶解度来维持氧化反应的进行，并用提高操作压力的办法增加氧的溶解度来强化氧化反应。

7. 湿式空气氧化法的工艺是什么？

答：废水首先收集在废水罐中，调节 pH 值后，经高压进料泵加压后与从空气压缩机来的空气混合，送入换热器与从反应器来的热物料换热，然后进入加热炉加热到反应温度，导入湿式氧化反应器，反应后的物料经与进料换热，在进一步在冷却器冷却后进入气液分离器，分离出未利用的尾气和二氧化碳，尾气直接排空，分离的液体排出到进一步处理系统。

8. 碱渣的定义是什么？

答：碱渣是指铵碱法制碱过程中排放的废渣。碱渣成分主要包括碳酸钙、硫酸钙、氯化钙等钙盐为主要组分的废渣，还含有少量的二氧化硫等。

9. 简述天然气净化厂碱渣处理工艺原理。

答：湿式空气氧化法的工艺原理就是将溶解或悬浮着的有机物质的废水在加压、加温条件下，不断地通入空气，使空气中的氧溶解于水中（也有使用纯氧或富氧空气），在150℃到水的临界温度374℃之间，使有机物进行氧化分解，氧化后废水中有害有机物质变为无害物质或无机物，达到处理的目的。